| 50周年纪念版 |

THE INNER GAME OF
TENNIS

The Classic Guide to Peak Performance
50th Anniversary Edition

心态制胜

超越评判、释放潜能的内在秘诀

W. Timothy Gallwey

[美]W. 提摩西·加尔韦 ———— 著　　[加]吴刚 ———— 译

**50周年
纪念版**

THE INNER GAME OF
TENNIS

The Classic Guide to Peak Performance
50th Anniversary Edition

机械工业出版社
CHINA MACHINE PRESS

图书在版编目（CIP）数据

心态制胜：超越评判、释放潜能的内在秘诀 /（美）W. 提摩西·加尔韦（W. Timothy Gallwey）著；（加）吴刚译 . -- 北京：机械工业出版社，2024.7（2025.3 重印）. -- ISBN 978-7-111-76389-5

I. B842.6-49

中国国家版本馆 CIP 数据核字第 2024DL3948 号

机械工业出版社（北京市百万庄大街 22 号 邮政编码 100037）
策划编辑：胡晓阳　　　　　　　 责任编辑：胡晓阳
责任校对：郑 雪　刘雅娜　　　 责任印制：刘 媛
涿州市京南印刷厂印刷
2025 年 3 月第 1 版第 4 次印刷
147mm × 210mm・8.25 印张・1 插页・136 千字
标准书号：ISBN 978-7-111-76389-5
定价：59.80 元

电话服务　　　　　　　　　　　 网络服务
客服电话：010-88361066　　　 机 工 官 网：www.cmpbook.com
　　　　　010-88379833　　　 机 工 官 博：weibo.com/cmp1952
　　　　　010-68326294　　　 金 书 网：www.golden-book.com
封底无防伪标均为盗版　　　 机工教育服务网：www.cmpedu.com

本书的思想，
内在游戏，
已流传了半个世纪，
深刻影响了整个国际体坛。

国际女子网球协会首任主席比利·简·金（Billie Jean King）称本书为她的网球圣经。

美国 NBA 金州勇士队主教练史蒂夫·科尔（Steve Kerr）称本书深刻影响了他的职业生涯和教练方式，是他每个休赛期都会重读的书。

美国西雅图海鹰队前主教练皮特·卡罗尔（Pete Carroll）称自己被本书所提倡的内在游戏（Inner Game）的思想——深度专注和信任等力量所折服，并在半个世纪的时间里始终将对内在游戏的坚持践行作为自己执教理念的基石。

内在游戏，

不仅是赛场制胜的秘诀，

也是人生成功的法则。

本书的理念和方法已被广泛应用于个人成长、职业发展和领导力培养等领域。它超越了运动心理学的范畴，为自我提升和个人发展提供了全新的思考方式。

2022 年，比尔·盖茨（Bill Gates）先生将本书纳入盖茨书单，称本书是他最喜爱的 5 本书之一，并为本书作序（见推荐序一）。

他在文中写道："这是我读过最好的关于网球的书，其中深刻的建议也适用于生活的许多其他方面。时至今日，我也常将此书赠予好友。"

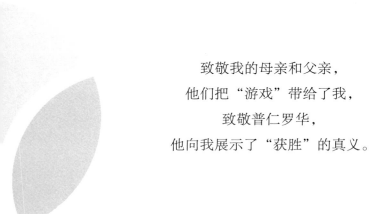

致敬我的母亲和父亲，
他们把"游戏"带给了我，
致敬普仁罗华，
他向我展示了"获胜"的真义。

什么是真正的游戏？
它是让你内心感到愉悦的游戏，
是令你沉浸其中的游戏，
是你必将获胜的游戏。

——普仁罗华

The Inner Game of Tennis

赞　誉

　　这是一本绝佳的心理学著作。如果你没有读过，我会觉得非常可惜。虽然好书很多，但让我生出这种感觉的书不多。这本书的理念非常简单：我们有自我 1，即思维与意识的我；还有自我 2，即身体与潜意识的我。如果我们希望自己的技艺能达到出神入化的地步，需要破掉自我 1 对我们的控制，进入自我 2 工作的领域。这条路径非常明确，作者的讲述也清晰简明，且非常有说服力。我认为这条路是最值得走的路，借由这本书，你可以开启这条美妙的道路。

—— 武志红　著名心理咨询师

　　本书看似是在指导读者提升网球技能，实则是通过网球技能的实践让读者明白如何学会学习。作者提摩西·加尔韦在 20 世纪 60 年代系统研究了亚伯拉罕·马斯洛和卡尔·罗杰斯的著作后在克莱尔蒙特研究生院学习了学习理论，并将学习所得应用在网球教学上，取得了真正的突破。

无论你现在经历何种困境，只要你能学会信任自己并保持专注，你就可以体验到心态制胜带来的转变。

—— 张萌　作家　职业拳击手

在采访经历中，我见证过很多次运动员在先落后的情况下，顶住压力，沉稳发挥，最终"逆风翻盘"。在竞技赛场上能够保持好心态是赢得比赛的关键，这不是与生俱来的天赋，而是一种可以不断修炼的能力。《心态制胜》不仅诠释了信任自我的重要性，还提供了实用的方法论，告诉我们如何克服紧张、自我怀疑和分心等心理障碍，找到"放松专注"的状态，从而实现完美发挥。它不仅适合运动员，也适合在生活中需要表演、表达、展示的每一个人。推荐大家阅读！

—— 丰臻　凤凰网体育频道主编

这本书关乎网球与禅、身与心、东方和西方。在读这本书时，我的脑海里常常会回响那句有着东方智慧的"应无所住、而生其心"。通过分享自己教授网球的种种经历，提摩西·加尔韦向我们揭示了一个真相——无论是网球、运动还是我们的人生，我们都在经历一场巨大的游戏，那就是我们与自己内心的游戏，而在这场游戏中，有一种

"无须过度努力，只须信任自己"就能赢的人生哲学。

—— 郎启旭　潮汐 APP 创始人

　　本书作者提摩西·加尔韦通过他在网球场上的观察和实践，发现了一个真理：高手之间的对决，决定胜负的并非技术、速度或耐力，而是心态。他认为内在游戏——放松和专注、信任自我、改变内在习惯等才是所有外在表现的核心。这本书的真正价值在于，它为我们揭示了在任何领域取得成功的内在心态之道。无论是在体育竞技场上，还是在学习和工作中，这些心态法则都至关重要。

—— 袁希　科教产业投资人

推荐序一

比尔·盖茨

当罗杰·费德勒（Roger Federer）宣布退役时，我想起了他曾经向我讲述关于他的球风的一个有趣的理念。他告诉我，他成功的关键之一，是拥有保持冷静和清醒的出色能力。

任何看过罗杰比赛的人都明白他的意思。当他比分落后时，他知道自己可能需要再加把劲，但他从不过度担心或者过于自责。每次得分时，他也不会耗费很多精力来祝贺自己。他的风格与约翰·麦肯罗（John McEnroe）这样的人相反，麦肯罗会外放所有的情绪，甚至更多。

我很高兴听到罗杰谈论他在比赛中的心态的作用，因为从 20 世纪 70 年代中叶，我第一次读到提摩西·加尔韦的这本开创性著作《心态制胜》（*The Inner Game of Tennis*）起，我就一直在努力以自己的方式吸纳书中的理念。这是我读过最好的关于网球的书，其中深刻的建议也适用于生活的许多其他方面。时至今日，我也常将此书赠予好友。

此书英文版于 1974 年出版并取得了巨大成功。加尔韦是南加利福尼亚州一位杰出的网球教练，他提出了一个想法——网球由两种不同的游戏（运动）组成。其中，外在游戏是有关技术的部分——你如何拿球拍，如何在反手击球的时候保持手臂水平，等等。这是大多数教练和球员倾向于关注的部分。

加尔韦悉知外在游戏的重要性，但他真正感兴趣的，也是他认为大多数人的训练方法中所欠缺的，是内在游戏。他写道："这是发生在球员内心的游戏。"在外在游戏中，你的对手是球网另一端的人；在内在游戏中，对手则是注意力不集中、紧张、自我怀疑和自我责备。简而言之，内在游戏是为了克服所有妨碍优秀绩效表现的心理习惯而存在的游戏。

这个理念让我产生了深刻的共鸣，以至于我把这本书反复读了好几遍，这对我来说很不寻常。在我读这本书之前，在几乎每一场比赛中，我都会在某个时刻对自己说："太可气了，我打丢了这个球，我真的太差了。"这种负面强化会一直存在，以至于在下一个回合，我仍然在想之前那个糟糕的击球。加尔韦介绍了如何摆脱这些负面情绪、不再为自己制造障碍的方法，这样人们就可以放下包袱，全力面对下一分的竞争。

加尔韦有一个独到的见解，当你第一次听到它时，会觉得它很疯狂。"赢得任何比赛的秘诀，"他写道，"在于不要过度努力。"

你怎么能指望不努力就能赢呢？"当一名网球运动员完全处于'忘我状态'时，他不会考虑如何、何时甚至朝何处击球，"加尔韦写道，"他不是在'努力'击球，击球后他也没有想过自己的击球有多扎实或是有多糟糕。球似乎是通过一个不需要思考的过程被击中的。"

内在游戏实际上关乎你的心理状态。你的心态是在帮助你还是在阻碍你？对我们大多数人来说，我们很容易陷入自我批评，这会进一步抑制我们的表现。我们需要从错误中吸取教训，但不要过于纠结。

加尔韦很快意识到，内在游戏不仅仅适用于网球。他继续出版了关于高尔夫、滑雪、音乐甚至职场的类似书籍，他创建了一家咨询公司，为《财富》世界 500 强公司提供服务。

尽管我在 20 多岁时就放下了网球，专注于打造微软，直到 40 多岁才重新捡起它，但加尔韦的见解潜移默化地影响了我在工作中的表现。例如，虽然我坚信要自我批评以及客观评价自身价值，但我还是会尝试加尔韦的方式：以一种建设性的方式，希望能提高我的表现。

虽然我并不能总是很完美地运用，但我试图以同样的方式管理团队。例如，多年前，微软的一个团队在他们已经发货的软件中发现了一个错误。（那时软件还是以光盘形式销售。）他们不得不召回这款软件，这给公司带来了巨大的损失。当他们告诉我这个坏消息时，他们真的很自责。我告诉他们："我很高兴你们承认需要更换光盘。今天你们损失了很多钱。明天回到工作中，争取做得更好。让我们弄清楚是什么让这个错误进入了产品，这样同样的错误就不会再发生了。"

网球运动多年来一直在发展。当今世界上最优秀的球员的打法与50年前的冠军截然不同。但《心态制胜》在今天仍然和1974年那时一样具有现实意义。即使外在的竞争已经发生了改变，但内在的竞争依然如故。

The Inner Game of Tennis

推荐序二

皮特·卡罗尔
美国西雅图海鹰队主教练（2010—2023）

从我第一次接触蒂姆[⊖]·加尔韦及其经久不衰的思想——内在游戏以来，已经 50 年了。很早的时候，我就被深度专注和信任所具备的力量折服，并为这些因素如何成为卓越水平发挥的基石而着迷。无论是执教西雅图海鹰队赢得超级碗，还是训练南加利福尼亚大学特洛伊人队在后来被称为"世纪之战"的比赛中击败俄克拉何马州立大学的球队，追求始终如一地管理扰乱注意力的"噪声"的技艺，一直是我教练生涯的中心主题。

我看过无数场美式橄榄球比赛，其中不乏令人难忘的精彩瞬间和高超的运动技巧，但每当我观察面前的球员时，我都知道，一场更微妙的战斗正在他们的内心展开。影响每个球员身体表现的心理因素对最终结果是至关重要的。蒂姆·加尔韦将这些心理因素称为"内在游戏"。这些运动员必须成功地掌控自己的内心，为发挥其最佳表现做好准

⊖ "蒂姆"（Tim）是"提摩西"（Timothy）的昵称。——译者注

XV

备。各个级别的教练和运动员都需要直面那些影响绩效表现的心理因素，他们必须清除头脑中的所有困惑才能获得让自己放手自由发挥的能力。

多年前，在我作为一名硕士研究生接触到《心态制胜》的英文版时，我就认识到了加尔韦的理念在个人运动表现方面的明显益处。随着我越来越熟悉静心发挥的好处，我开始意识到信任和专注的原则也能让整个团队受益。

只有致力于非凡的练习，才能培养出能够长期在总决赛级别的比赛中稳定地高水平发挥所需的信心。正如一切有价值的成就都需要严谨及勤奋的努力，这种卓越的水平只能通过在训练场上有纪律地重复练习来获得。有纪律的练习使我们的球员能够建立对教练方法和对他们自己的信任。正是通过这样的练习，球员获得了信心，这份信心使他们在任何环境和任何情景下都能做到专注。

半个世纪里对内在游戏的坚持践行一直是我执教理念的基石。这些原则已经融入了我们长时间打造的大学橄榄球文化的方方面面，并且后来又得到了代表这项运动最高水平的美国国家橄榄球联盟的重新塑造。对我来说，这就是内在游戏的最佳绩效表现。这是一门经得起时间考验的高性能科学。这些原则已成为一种贯穿在我们竞技项目内外的生活方式，我永远感激这些理念。让内心平静的练习是决定至高表现构成的最后一个因素。这是技能发展的最后阶段，最终决定了我们能否发挥最佳表现。培养这种深度信任和专注的技能一直是内在游戏的目标，也是我教练工作的目标。

推荐序三

扎克·克莱曼（Zach Kleinman）
美国孟菲斯灰熊队篮球运营总经理
体育及人生教练

在和蒂姆·加尔韦相遇之前，我就一直信任他和《心态制胜》这本书中的理念。这种信任始于1974年，当时我接触到了现在在你手中的这本书的英文版。蒂姆不仅帮助我确认了当时选择的前进道路是正确的，还让我明白我可以走得更远。后来我确实就是这么走下去的。"这与网球无关，"他提醒我，"这与输赢无关。如果我们是去体验，我们就会变得更自如。"如今，我仍然喜欢赢而不是输。同时，尽管已经过去了几十年，蒂姆仍然在向我展示如何保持信念，并授予了我"内在游戏教练"的称号。他始终践行自己的理念。他给予我信任，并且作为我的导师和榜样，让我一道参与和观察他持续学习的过程。在蒂姆的影响下，我始终保持着对内在游戏最纯粹的兴趣，为此我特别感谢他。

有一天，蒂姆甚至比平时更有说服力。这是为网球教练们举办的第一期"内在游戏"工作坊的最后一天。虽说几个月前作为蒂姆的助手，我也参与了一堂"网球内在游戏"的公开课，但在工作坊中，我和蒂姆一起上了我真正意义上的第一堂"私教课"（尽管这发生在 30 个人面前）。他建议我采用"创造"的方式。"发挥自己的创造力，成为自己击球方式的创造者。"他对我说道。那时我发现自己内在呈现出一种状态，能够想象出一种新的、可实现的击球方式。我的网球竞技和教学立刻获得了一个额外的维度。"创造"也不仅仅限于击球，它可以被应用在我能够想象到的任何事物上。从这一刻开始，我成了自己人生的创造者。

1976 年 12 月 10 日，星期五，下午 2 点 30 分左右，蒂姆·加尔韦凭着直觉向我建议："扎克，是时候了。离开吧，去教学，然后回来参加下一个工作坊。"

"这不可能。"我带着新发现的力量和自信回答。然后，一个更加强烈的直觉令我开口："我当下就应该在这里，去帮忙、协助和学习。"

蒂姆笑了。

我留了下来，但真正让我留下来的是什么？我在球场上和蒂姆一起教学、学习时感受到了一种魔力。他那细致周到、简洁、刺激人心的方式鼓舞了我发挥出作为教师、球员和一个人的最好的一面。

我对蒂姆的直觉的信任始于那一个改变人生、展现"创造者"状态的时刻，并且此后从未停止。至今我仍然生活在洛杉矶，在网球场和高尔夫球场上，在音乐厅和台球厅里，通过群组公开课和私教课的形式，运用并且不断拓展"内在游戏"。我几乎每天都在球场内外和蒂姆一起学习、成长和练习，展现我们的内在和外在游戏的能力与水平。

译者序

吴刚

"高绩效教练"中方首席教练和授课导师

国际教练联合会（ICF）认证的专业级教练（PCC）

《心态制胜》英文版于 1974 年首次在美国出版，到今年正好 50 年。为什么我们要在 50 年以后再重新翻译和出版一本关于网球的书？这是每一位读者都可能会问、会想的问题。这里我分享我个人的看法。

我和"内在游戏"结缘已经有十多年了。作为一个重度高尔夫爱好者，是高尔夫，而不是网球，让我最早接触到"内在游戏"。和任何一个喜爱高尔夫的人一样，我会去寻找和阅读任何对提升自己的高尔夫水平可能有帮助的书籍。于是在 2013 年，我读到了本书的姊妹篇——英文版的《高尔夫的内在游戏》（*The Inner Game of Golf*）。我深感震撼并感到好奇，竟然还可以用这样一种方式来提升自己的高尔夫技能，原来学习一种运动技能还隐含着这么深刻的人生哲理！其时我正在工作中迎接新的领导力挑战——我希望自己的团队能够在没有我现场监督的情况下更加自主有效地工作。于是，我便迫不及待地读了本书的另一个姊妹篇——《工作的内在游戏》(*The Inner Game of Work*)，由此接触到了现代教练的理念、方法。此后，在网上搜索本书作者加尔韦大师和他的企业教练课程的过程中，找到了"高绩效教练"的教练和领导力课程，并最终成了"高绩效教练"在中国的首席教练和授课导师。《高绩效教练》一书的作者约翰·惠特默爵士当年正是师从加尔韦，开启了自己的教练修行旅程，最终成为现代企业教练的先驱者。而今，我又有幸在《心态制胜》英文版出版 50周年之际，受邀翻译这本内在游戏系列的起源经典，不禁感叹这真的就是一段圆满的缘分。

我在生活中有两方面的兴趣爱好，一个是体育运动，另一个就是自我提升和成长。参与体育的竞争让我感到生机勃勃、畅快淋漓；学习、践行和传播个人成长提升的智慧让我感受到自我成长和成就他人的那份满足感。这两方面的兴趣爱好的互通交汇之处，正是内在游戏。

事实上，不管是兴趣爱好还是更加"重要"的人生事业挑战，都可看成不同的游戏。如加尔韦在书中所述，任何一种游戏都有着外在和内在两面。外在游戏是面对一个外在的对手，克服外在的障碍，最终达成外在的目标。为此，人们需要学习和掌握许多外在的知识和技能。而内在游戏指的是我们如何克服自身的精神内耗，将更多的能量和注意力用于发挥出自己所有的外在能力，以求获得更高的绩效表现。不管面对的外在游戏是什么，我们发挥出自己的最高绩效和获得最大满意度所需要的内在游戏的原则和核心技能都是一样的。这就是我们需要学习内在游戏的原因之一：让我们懂得如何发挥出更高的绩效和获得更大的满足感，无论挑战是什么，网球只是一个学习媒介而已。

去年11月，我有幸在伦敦和加尔韦大师相见，并相处了两天多的时间，聆听了已经85岁的大师对人生的感悟和对内在游戏的最新理解。在临别访谈中，我问加尔韦大师"内在游戏的本质是什么"，他分享了他对内在游戏的终极理解：

"内在游戏实际上是一段发现我们真实自我的旅程，并且这段旅程本质上是令人享受的。"

比尔·盖茨在2022年11月专门为本书英文版撰写书评，他在书评的结尾提道："《心态制胜》在今天仍然和1974年那时一样具有现实意义。即使外在的竞争已经发生了改变，但内在的竞争依然如故。"

学会认清和活出真实的自己，学会享受个人探索成长的旅程，这也许才真正是人们应该学习和践行内在游戏的终极原因。

我期待和更多的读者在这条求索的道路上结伴同行。

前　言

任何游戏都有两个组成部分：外在游戏和内在游戏。所谓外在是面对一个外在的对手，克服外在的障碍，并且达成外在的目标。市面上早已有了许多书来指导人们如何精通外在，譬如如何挥动球拍、球杆或球棒，以及如何摆放手臂、腿或躯干以获得最佳效果。但出于某种原因，这些指导和指令对于我们中的绝大多数人来说都是知易行难。

本书的中心思想是，如果不在一定程度上重视相对容易被忽略的内在游戏的技能，我们在参与任何游戏或运动时都无法真正做到精通或者获得满足感。这是一场发生在参与者内心的游戏，它的对手是注意力不集中、紧张、自我怀疑和自我责备。简而言之，它是为了克服所有妨碍优秀绩效表现的心理习惯而存在的游戏。

我们常常想知道，为什么我们会在某一天表现非凡，而第二天却判若两人，或者为什么我们在比赛中最关键的时候能够出色发挥，但会在最容易的时候失手。为什么改掉一个坏习惯并学会一个新习惯会花掉那么长的时间？内在游戏的胜利可能未必会为我们的奖杯柜锦上添花，但它会带来更持久的宝贵收获，会为一个人的成功——不管在场内还是场外——做出重大贡献。

内在游戏的玩家会重视放松专注这门技艺，更甚于其他外在技能；他们会发现自信的真正基础；他们会了解到赢得任何比赛的秘诀在于不去过度努力。他们争取的是一种只有在内心平静、身心合一的时候才会出现的自发的表现，这种表现往往会以令人意外的方式，一次又一次地超越原来的极限。此外，在克服竞争中常见障碍的过程中，内在游戏的玩家会发掘出一种必胜的意志，这种意志会解锁他们所有的能量，并且让他们从不因失败而气馁。

相对于我们绝大多数人的认知而言，这世上有一个更加自然、更加有效地学习和运作任何事情的过程。这个过程我们都使用过，却容易被我们忽略，它和我们学会走路和说话的过程是一样的。它利用内心的直觉能力以及大脑的左右两个半球。这个过程不需要我们去特别学习，相反，我们早就掌握了。我们只需要去摒弃那些干扰这个过程正常运作的习惯，然后让它自然发生。

内在游戏追求的是发掘和探索人们身体内在的潜力。在这本书中，我们将通过网球这一媒介来探索它。

目　录

心态制胜

超越评判、释放潜能的内在秘诀

50 周年纪念版

The Inner
Game of
Tennis

请跟随作者加尔韦的文字，
见证心灵变化的美妙旅程，
见证身心合一的奇迹力量。

运动员经常会听到这样的警句：

"嗯，网球是一项对心理能力要求很高的运动，你必须培养正确的心态"或"你必须自信并拥有获胜的意志，否则你将永远是一个失败者"。

但一个人如何才能做到"自信"或培养"正确的心态"呢？

The Inner
Game of
Tennis

第 1 章

对网球运动中心理因素的反思

最困扰网球运动员的问题不是如何正确地挥拍。提供这些信息的书籍和专业人士比比皆是。大多数球员也不会过度抱怨身体条件上的限制。在这个时代长廊上不断回响着的球员们最常见的抱怨是："我不是不知道该做什么，我是做不出我知道的！"其他经常引起网球专业球员注意的常见抱怨包括：

我在练习时比在比赛中打得更好。

我很清楚我的正手击球错在了哪里，但看起来我就是不知道如何打破这个坏习惯。

当我真的努力按照书中所说的方式击球时，我每次都会搞砸。当我专注于我应该做的某一件事的时候，我就会忘了其他事情。

每次当我要赢得战胜高手的赛点时，我都会紧张到无法集中注意力。

我是我自己最大的敌人，我经常会打败自己。

任何一项运动的大多数运动员都会经常遇到这些或者类似的困难，但要真正洞察该如何应对这些困难并不那么容易。运动员经常会听到这样的警句："嗯，网球是一项对心理能力要求很高的运动，你必须培养正确的心态"或"你必须自信并拥有获胜的意志，否则你将永远是一个失败者"。但一个人如何才能做到"自信"或培养"正确的心态"呢？这些问题通常都没有得到解答。

因此，将击球相关的技术性信息转化为有效动作的内心流程似乎存在着可以进一步探索和改良的空间。这本书的主题就是探讨如何培养这些对于获取高绩效而言不可或缺的内心技能。

典型的网球课

想象一下，当一个渴望学习网球的学生遇到了一个同样渴望教学的新手教练的时候，学生的脑子里都发生了什么。假设这个学生是一个中年生意人，一心希望提高自己在俱乐部里的社交地位；新手教练则是站在球网前面，身边有一大箩筐球，内心还有点儿不确定自己的学生是否认为他值得上所付出的学费，正仔细评价学生的每一次击球。"这很好，但你的拍面在你做随球动作的过程中翻转[⊖]多了，威尔先生。现在，当你上前迎球时，将重心转移到前脚上……你收回球拍太晚了……你的拉拍应该比最后一次击球时低一点儿……就这样，好多了。"没过多久，威尔先生的脑子里就翻腾着 6 件他应该做的和 16 件他不应该做的事情。感觉提高水平的似乎没什么把握，而且非常复杂，但他和这位教练都对每一次击球的仔细分析印象深刻，在收到了"练习所有这些，最终你会收获巨大进步"的建议后，他也就心甘情愿地支付教学费用了。

作为一名新手教练，我也意识到我会过度教学，但有一

⊖ 网球中翻转球拍指的是在击打来球时，为了打出更多的上旋（球离开拍面后向前旋转，因此会更快地下降，这样大力击球后球更容易留在场内），球员在迎击来球时会将手腕由相对垂直的角度向相对水平的角度进行翻转，并由此造成球拍拍面角度也产生同比例的改变，以试图产生更多的上旋。但这么做增加的失误的概率。真正有效的击球方式是在击球时保持手腕稳定（也称为方正，英文是 flat），让球拍在向前挥动时产生的稳定的近乎垂直的前倾角度来击球，并在击打球后持续保持这个角度，最后才由惯性让手臂和手腕翻转结束挥拍。
——译者注

天，当我的心情处在一个放松状态的时候，我开始少说话、多留意观察。令我惊讶的是，那些我看到了但没有提出来的错误正在得到自我纠正，而那位学生根本不知道自己犯了什么错误。这些变化是如何发生的？虽然我觉得这个现象很有趣，但它却打击了我的自尊心，因为学生的进步不一定是我的指导的功劳。后来有一刻，我意识到有时候我的口头指导似乎反而会降低我所期待的进步发生的概率，我就遭受了一次更大的打击。

所有的网球教练都知道我在说什么，他们都有一个像我的学生多萝西一样的学生。我会给多萝西一个温和、压力较小的指令，比如："你要不要试着在击中球后顺势把球拍从腰部提高到肩膀的高度？这样所产生的额外的上旋会让球留在界内。"果不其然，多萝西会努力遵循我的指示。她嘴边的肌肉会绷紧；她的眉毛会紧皱起来；她前臂的肌肉会绷紧，导致其无法流畅自然地活动；最后跟进动作结束时球拍也才仅仅抬高了几英寸 $^{\ominus}$ 。在这一时刻，耐心的教练的标准回应是："有进步，多萝西，但要放松，不要过度努力！"这个建议自然是很好的，但多萝西真的不知道如何在努力正确击球的同时做到"放松"。

$\ominus$　1 英寸等于 2.45 厘米。——译者注

为什么多萝西，或者你我，在执行一个对身体而言并不困难的预期动作时会感到别扭？在发出指令和完成挥拍之间，脑子里会发生什么？在给多萝西上完某一堂课后，我对这个关键问题产生了一个难得的全新洞见，第一缕曙光出现在我的面前："她脑子里有太多的东西了，真的太多了！她拼命努力地像我告诉她的那样挥拍，使她不能把注意力集中在球上。"就在那一刻，我向自己保证，我会减少口头指导的数量。

那天我下一堂课的学生是一位叫作保罗的初学者。他从来没有握过网球球拍。我决心用尽可能少的指令来向他展示如何打网球；我会尽量让他头脑里的信息简洁明了，看看这种方式是否会对学习产生不同的影响。所以我一开始就告诉保罗，我在尝试一些新的东西：我打算完全跳过我通常对初学者的指引，比如那些基本正手击球所需要的正确握拍、挥拍和步法的指引等。相反，我打算自己打十个正手球，我希望他仔细观察，不要思考我在做什么，而只是试图创建正手击球的一幅视觉画像。他要在脑海中重复这个画像几次，然后让自己的身体模仿。在我做了十次正手击球之后，保罗也想象了自己做同样的事情。就在那时，当我把球拍放进他的手中，滑入正确的握拍位置时，他对我说："我注意到你做的第一件事就是移动你的脚。"我不置可否地咕哦了一声，并要求他让自己的身体尽量模仿正手击球的动作。他抛下球，完美地向后摆拍，向前挥出，球拍保持水平，然后自然流畅地停留在了与肩同高的位置，这是第一次尝试的完美表现！但等等，他的双脚，和保罗在准备击球时自然找到的完美准备位置相比，它们几乎没有移动过，它们就像是被钉在了球场上。我指着它们，保罗说："哦，是的，我忘了它们！"击球动作中保罗唯一试图记住的一个要素反而就是他唯一没有做到的！其他的一切，都在我一句话没说、一句指令都没有下达过的情况下，被吸收和复制出来了。

我开始明白所有优秀的网球教练和学生都必须学会的事情：图像胜于文字，演示胜于讲述，过多的指令比没有指令更糟糕，过度努力往往会产生负面结果。这其中有一个问题让我困惑：努力有什么错？过度努力到底意味着什么？

"忘我"发挥

反思一下一个被称为"手热"或"进入忘我状态"的球员的心理状态。他会去思考自己应该如何击打每一球吗？他那时候会去做任何思考吗？听听通常用来描述一个处于最佳状态的球员的说辞："他打疯了""他不再思考，而是用本能反应""他进入了无意识状态""他甚至都不知道自己在做什么"。这些描述中的一个共同因素是，大脑的某些部分没有那么活跃。绝大多数体育项目的参与者都会使用类似的说法。他们中的佼佼者知道，巅峰的竞技状态永远不会出现在他们思来想去的时候。

显然，忘我的发挥并不意味着竞技时处于昏沉的状态。在昏沉中打球将是非常困难的！事实上，一个"忘我"打球的人对球、球场以及必要时对于对手有着更高程度的觉察。他不会有意识地给自己很多指令，思考如何击球、如何纠正过去的错误或如何重复刚才的动作。他们会保持清醒，但不会去思考，不会过度努力。这种状态下的球员知道自己该把球打到哪里，但他们不需要特别"努力"去把球送过去。这些会顺其自然地发生——往往精确程度比球员自己希望的还要高。球员似乎完全沉浸在一个动作流中，他会往其中注入能量，但产出的则会是更强有力的击球和更精确的击球效果。这种手热的状态通常会持续到球员开始思考并试图去维持状态的那一刻；一旦他们试图行使控制权，他们就会失去这种状态。

验证这个理论其实很简单，只要你不介意偷偷耍一点儿小手段。下一次当你的对手手热的时候，你只要在你们交换

The Inner
Game of
Tennis

巅峰的竞技状态永远不会出
现在他们思来想去的时候。

场地时问他："嘿，乔治，你做了什么不同的事情，让你今天正手这么好？"如果他上钩了——95%的人都会的——就会开始思考他是如何挥拍的，告诉你他是如何积极地正面迎球挥拍，保持手腕稳固并更好地完成跟进动作，他的手热状态就一定会到此为止。他会失去对击球时机的掌握和动作的流畅性，因为他试图去重复刚刚告诉你他做得很好的事情。

但是一个人有可能刻意地去学习如何进入"忘我"的竞技状态吗？你如何做到有意识地忘我？这在概念上听上去是相互矛盾的，然而确实可以被实现。也许对"忘我"的球员更好的描述是他们的内心是如此集中，如此专注，以至于是平静的。当内心与身体正在做的事情融为一体时，无意识或自动的功能便在不受思想干扰的情况下发挥作用。专注的头脑里连去思考身体正做得如何的空间都没有，更不用说去思考如何去做的指引了。当球员处于这种状态的时候，几乎没有什么事情可以干扰到他们去充分释放自己在发挥水平、学习和享受方面的全部潜力。

获得这种状态的能力就是内在游戏的目标。这要求我们去开发相应的内在游戏的技能。但有趣的是，如果你在学习网球时开始学习到如何集中注意力，如何信任自己，你就会

The Inner
Game of
Tennis

当内心与身体正在做的事情融为一体时，无意识或自动的功能便在不受思想干扰的情况下发挥作用。

收获比如何打出有力的反手球更有价值的东西。反手球只能在网球场上带来优势，但掌握放松专注的技能对你希望认真去做的任何事情而言都是无价的。

我们不是从小就被告知"除非我们努力，否则我们永远不会有所成就"吗？

那么，当我们评价某人过度努力时到底意味着什么呢？中等程度的努力就是最好的吗？

掌握了两个自我的概念，看看你能否在阅读下面描述之后为自己解答这个看似相互矛盾的困境。

The Inner
Game of
Tennis

第 2 章

两个"自我"的发现

我对放松专注这门技艺的理解，当我在教学过程中又一次注意到眼前发生的现象时，取得了重大的突破。听听球员在球场上自言自语的方式："加油，汤姆，在正前方去迎击球！"

我们对当时球员的内心发生了什么很感兴趣。谁在告诉谁什么？绝大多数的球员会在球场上自言自语。"起身迎球""持续打他的反手""眼盯着球""屈膝"——这些指令源源不断。对一些人来说，这就像自己脑海里不断地回放上一次教练课的录像。于是，当打完一个球后，脑海中就会闪过一个念头，譬如："你这头笨牛，你奶奶都打得比你好。"一天，我问了自己一个重要的问题——这里谁在跟谁说话？

谁在训斥？谁在被训斥？"我在跟自己说话。"绝大部分人回答道。但到底这个"我"是谁，"自己"又是谁？

显然，"我"和"自己"是两个独立的实体，否则就不会有对话，所以我们可以说，在每个球员身体里都有两个"自我"。其中一个是"我"，似乎在发号施令；另一个是"自己"，似乎在采取行动。接着"我"会对所采取的行动进行评估。为了清晰起见，让我们把"发号施令者"称为自我 1，"采取行动者"称为自我 2。

现在，我们已经准备好接受内在游戏的第一个主要假设：在每个球员心中，自我 1 和自我 2 之间关系的类型是决定一个人将技术知识转化为有效行动的首要因素。换言之，网球水平的提高——或任何事情的水平的提高——关键在于改善自我 1 有意识的发号施令，和自我 2 的自然能力之间的关系。

自我 1 和自我 2 之间的典型关系

想象一下，自我 1（发号施令者）和自我 2（采取行动者）不是同一个人的两个组成部分，而是两个相互独立的实体。在观察了两者间的对话后，你会如何形容它们之间的关系？球员正在尝试改进他的挥拍动作。"好吧，该死的，锁住你那愚蠢的手腕。"他命令道。随后当球一个接一个地飞跃球网接踵而来的时候,自我 1 不断提醒自我 2:"锁住手腕。锁住手腕。锁住!"就这么机械地重复着!想象一下自我 2 会有什么感受!这看起来就像自我 1 觉得自我 2 听力不好,或者是记忆力不行,或者干脆就是愚笨。当然,事实是,自我 2,拥有无意识的大脑和神经系统,能听到一切,从不忘记任何事情,而且一点儿都不笨。在完成一次扎实的击球以后,它就会永远知道要收缩哪些肌肉才能再次达成同样的效果。这是它的本性。

那么击球本身的过程中发生了什么?如果你仔细观察球员的脸,你会发现他的脸颊肌肉在收紧,嘴唇紧闭,努力试图集中注意力。但是收紧的脸部肌肉既不能用来反手击球,也不会对集中注意力产生帮助。到底是谁在主导着这一切?当然是自我 1。但为什么?它应该是那个发号施令者,而不是行动者。看起来它并不真正相信自我 2 能够完成这项任务,否则它也不至于要什么事情都自己来。这就是问题的症结所在:自我 1 不信任自我 2,哪怕自我 2 已发挥了球员到那一刻为止所发挥出来的全部潜力,并且远比自我 1 更有能力控制整个肌肉系统。

回到我们的球员。他的肌肉在过度努力下变得僵硬,球拍触球的一刹那，手腕出现了一点点的松动，球飞到了界外，击中了后面的围栏。"你这烂人，你永远学不会反手击球。"自我1抱怨道。由于想得过多和过度努力，自我1在身体内造成了紧张和肌肉冲突。它需要对失误负责，但它却将责任全部归咎于自我2。随着它进一步开口进行谴责，更加削弱了自己对自我2的信心。结果就是，击球动作变得越来越糟糕，挫折感也越来越严重。

过度努力是一种有问题的美德

我们不是从小就被告知"除非我们努力，否则我们永远不会有所成就"吗？那么，当我们评价某人过度努力时到底意味着什么呢？中等程度的努力就是最好的吗？掌握了两个自我的概念，看看你能否在阅读下面描述之后为自己解答这个看似相互矛盾的困境。

有一天，当我在琢磨这些问题时，一位非常开朗而有魅力的家庭主妇琼来找我上课，抱怨说她快要放弃网球这项运动了。她真的非常灰心，因为正如她所说："我的肢体协调能力真的很差。我想变得足够好，这样我的丈夫邀请我和他一起打混双时，他的语气听上去就不会像是出于一种家庭义务。"当我问她问题出在哪里的时候，她说："就说一件事吧，我不能把球打在拍面上；绝大多数时候我都打在了拍框上。"

"让我们瞧瞧。"我一面说一面把一筐球拉到了身边。我喂给她十个腰部高度的正手球，球都离她足够近，这样她不需要去移动脚步就能够得着。我很意外其中八个球她都完全或者部分地击在了拍框上。但是她的击球动作其实是足够好的。我很困惑。她并没有夸大自己的问题。我想知道这是不是因为她的视力问题，但她向我保证她的眼睛完全没有问题。

于是我告诉琼我们会做一些实验。首先，我让她非常努力地把球打到球拍的中心。我猜想这可能会产生更糟糕的结果，这样就可以证明我有关过度努力的观点。不过新的理论不一定总是按预期发生的；何况，用狭窄的拍框击中十个球当中的八个真的需要很多天赋。这一次，她只用拍框打中了六个球。接着，我让她故意用拍框去打球。这一次她只打中了四次，另外六次她扎实地打在了拍面上。这有点儿出乎琼的意料，但她仍然借机敲打了一下她的自我2，说："瞧，我永远做不到我想做的事！"实际上，她已经非常接近一个重要的真相了。越来越明显的是，她去尝试的方式并不管用。

于是，在打下一组球之前，我和琼说："这次我想让你把注意力集中在球的接缝上。不要考虑在哪里碰到球。事实上，根本就不要试图击球。只是任你的球拍在它想接触的地方接触球，让我们看看这么做会发生什么。"琼看起来更放松了，在接下来的十个球中把九个打到球拍正中！只有最后一个球碰到了拍框。我问她，当她在挥拍去打最后一个球的时候，她是否意识到自己在想什么。"当然，"她的语气中带着轻快，"我在想，我还真有可能成为一名网球运动员。"她是对的。

琼开始意识到"努力尝试"和"气力"之间的区别，前者是自我 1 的能量，后者是自我 2 用来完成必要工作时所用到的能量。在最后一组击球中，自我 1 全神贯注地注视着球的接缝。结果，自我 2 能够不受干扰地做自己的事情，而且事实证明它做得很好。甚至连自我 1 都开始认识到自我 2 的天赋，琼把它们融合到了一起。

在网球运动中，在心理上把二者整合起来需要学习几个内在技能：① 学习如何把你想要的结果转换成为尽可能清晰的画面；② 学习如何信任自我，让自我 2 发挥其最佳水平，并从成功和失败中收获经验教训；③ 学会"不带评判"地去观察，也就是说，看清正在发生的事情，而不仅仅是

The Inner
Game of
Tennis

1.学习如何把想要的结果转换成为尽可能清晰的画面。

2.学习如何信任自我，让自我2发挥其最佳水平，并从成功和失败中收获经验教训。

3.学会"不带评判"地去观察。

留意到事情发生得多么好或多么糟糕。这会让我们克服"过度努力"。以上所有这些技能都从属于放松专注这项主技能。没有了它，任何有价值的东西都将无法实现。

后续本书将以网球运动为媒介，探索学习这些技能的途径。

The Inner
Game of
Tennis

看清正在发生的事情，而
不仅仅是留意到事情发生
得多么好或多么糟糕。这
会让我们克服"过度努力"。

世上有一个更自然的学习和发挥的过程正等待着我们去发现，它正等待着一个在没有评判心的干扰下发挥作用的机会，以展示它的能力。

The Inner
Game of
Tennis

The Inner Game of Tennis

第 3 章

让自我1安静下来

到此我们已经收获了一个关键点：自我 1，也就是人的自我执念 [○]，它无休止的"思考"活动造成了对自我 2 的自然能力的干扰。当这个执念安静且专注的时候，两个自我之间的和谐共存才会出现，也只有在那个时刻巅峰的竞技状态才能达成。

当一名网球运动员处于"忘我状态"时，他不会思考如何、何时甚至朝哪里击球。他不是在"努力"去击球，挥拍后他也没有想过自己的击球有多扎实或是有多糟糕。球似乎是通过一个不需要思考的过程被击中的。球员

○ 英文版原书中使用的"Ego-mind"有多种翻译，可以理解为自我意识、我执心等，这里取译者认为最贴切原书对自我 1 本意的理解。
　　—— 译者注

可能会对球在视觉、声音和触感，甚至对当时场上的局面有所觉察，但球员似乎就是懂得在不假思索的情况下该做什么。

请听著名的禅宗大师铃木大拙（D.T.Suzuki）在《箭术与禅心》的序中，是如何形容自我执念对射箭的影响的：

> 一旦我们开始反思、审视和构思，最初的无意识状态就会消失，某一个念头就会形成干扰……箭矢脱弦而出，但不会直奔目标，而且箭靶也不再停留在原来的位置。计算，其实是失算，就出现了……

> 人是一根会思考的芦苇 ⊖，但他的伟大作品是在不去算计和思考的时候完成的。"童真"的状态必须被重新建立……

也许这就是为什么人们说伟大的诗歌诞生于寂静之中，伟大的音乐和艺术源于无意识的宁静深处，而真正的爱则潜藏于言语和思想之下。同样的比喻也适用于体育运动中最伟大的表现：当内心平静得宛如镜面般的湖水时，它们就会出现。

⊖ 出自法国科学家和思想家帕斯卡，用来比喻人类存在的实质。
—— 译者注

这些时刻被人本主义心理学家亚伯拉罕·马斯洛（Abraham Maslow）博士称为"巅峰体验"。在研究有过这种经历的人的共同特征时，他给出了以下的描述："他感觉更加融合"（两个自我是一体的）、"感觉与体验融为一体""相对没有自我执念"（平静的内心）、"感觉到自己处在了能力的顶峰""机能充分发挥""得心应手""毫不费力""不受制于障碍、压抑、谨慎、恐惧、怀疑、控制、保留、自我批评、制动""他随心而动，更有创造力""全然活在当下""不强求、不渴求、不奢望……他就是存在着"。

如果你回顾自己的极致时刻或巅峰体验，你很可能也会回忆起这些语句所描述的感觉。你可能会记得它们是非常愉悦甚至是狂喜的时刻。在这样的经历中，内心不会像一个独立的实体那样，告诉你该做什么或批评你的做法。它是安静的，你们"在一起"，行动就像河水一样自由流淌。

当这种情况发生在网球场上时，我们就在不试图努力集中注意力的情况下做到了专心致志。我们感到警觉并能随机而动。我们的内心确信自己能够在无须"刻意努力"的状态下做出必要的反应。我们只是知道身体的动作会适时到来，而当它到来的时候，我们不觉得是自己的功劳；相反，我们感到幸运，"福至心灵"。正如铃木所说，我们变得"童真"。

我脑海中浮现的画面是一只猫在追捕一只小鸟时均衡的动作。它毫不费力地保持警觉，蹲下身子，放松肌肉准备跳跃。它不考虑何时起跳，也不考虑如何蹬起后腿以跳出合适的距离，它的内心是平静的，完全聚焦在猎物身上。它的意识中没有闪现任何关于错过目标的可能性或后果。它只看到鸟儿。突然间，鸟儿起飞了；在同一时刻，猫也跳了起来。它以完美的预判，在离地两英尺 [○] 的地方截住了它的晚餐。完美的、不假思索的行动执行，之后，没有自我祝贺，只有它行动本身自带的奖励：嘴里的鸟儿。

在一些难得的时刻，网球运动员可以爆发出近似猎豹那样的不假思索的反应能力。这些时刻似乎最经常发生在球员在网前来回截击球的时候。在如此短的时间内如此迅速地交换击球，通常需要比思考更快的动作。这些时刻让人感到激动和振奋，球员们经常对他们竟然能够将球拍完美地送到原以为根本够不着的球的位置上而感到不可思议。球员根本没有时间去构思如何做出比他们自以为极限更快的动作。球员感觉他们并没有刻意执行某个击球动作，然而完美的击球就这样发生了。大家常常说这是运气，但如果这种情况反复发生，人们就会开始相信自己，并逐渐体会到一种深层次的

○　1 英尺约等于 0.3048 米。—— 译者注

自信。

简而言之，"完美执行"需要放慢内心。静下心来意味着减少思考、计算、评判、担心、害怕、希望、尝试、后悔、控制、颤抖或分心。当内心完全处于当下时，它就达到了平静的状态，而行动及行动者就做到了完美合一。内在游戏的目的是增加这些时刻发生的频率和持续的时间，使内心逐渐平静下来，从而使我们的学习和表现能力持续得到拓展。

到了这个时刻，我们就会自然冒出这么一个问题："我如何才能在场上让自我1平静下来呢？"我们来做一个实验，请你把书放在一边，试着停止思考。看看你能把没有思绪的状态保持多久。1分钟？ 10秒？更有可能的是，你会发现让思绪完全平静下来是非常困难的，甚至是不可能的。一个念头会引发另一个念头，然后又引发另一个念头，如此类推下去。

对我们绝大多数人来说，让内心平静是一个渐进的过程，涉及学习几种内在技能。这些内在技能实际上是关于忘记的艺术，忘记我们自孩童时代就积累形成的心理习惯。我们要学习的第一项技能是放下评判自己和自己表现好坏的倾向性。放下评判的过程是内在游戏的一个关键基础，其意义将在你阅读本章其余部分时显现出来。当我们学会放下评判的时，我们就有可能做到不假思索和专注的运动表现。

放下评判

随便观察几乎任何一场网球比赛或网球课，我们都可以看到评判是如何发生的。仔细观察击球球员的面部，你就会看到他内心浮现出的评判性的想法——每次"糟糕"的击球后都会表现出皱眉，每次自我感觉特别"好"的击球后都会表现出自我满足的表情。通常，这些评判会因球员的不同和他们对击球质量的满意或不满意程度，在不同类型和程度的口头表达中展现出来。有时，对评判最明显的感知来自所用的语气，而不是用词本身。"你又把球拍翻转了"这个陈述句，取决于所用的语气，可以是一种尖刻的自我批评，也可以是一种对事实的简单观察。"看着球"或"移动你的脚"这些口头指令可以被说成是请求身体做出动作的指引，也可以被说成是对过往身体表现的不屑和责备。

为了更清楚地理解评判的含义，设想 A 先生和 B 先生正在进行一场单打比赛，C 先生担任裁判。A 先生在抢七局[⊖]中的第一分上向 B 先生做出二发[⊜]。球落在了界外，C 先生则叫道："出界。双误。"看到自己的二发出界，听到"双误"，A 先生皱起眉头，说了一些贬低自己的话，并称这个发球"很糟糕"。看到同样的发球，B 先生判断它是"好的"，并笑了。裁判员既不皱眉也不笑，他只是按他所看到的来宣布结果。

这里需要看到的是，球员赋予事件的"好"或"坏"都不是这记发球本身的属性。相反，它们是根据球员的个人反应，在他们的心目中对该事件的评价。A 先生实际上是在说"我不喜欢那个事件"；B 先生则是在说"我喜欢那个事件"。裁判，在这里其实是一个颇具讽刺意义的称谓，并不裁定事件是积极的还是消极的；他只是看到了球的落点，宣布它出界。如果这个事件再发生几次，A 先生会非常生气，B 先生会继续高兴，而坐在现场上方的裁判员仍然会以超然的兴趣留意正在发生的一切。

我所指的评判是指对一个事件赋予负面或正面价值的行

⊖ "抢七"指网球比赛一盘中双方打成 6：6 后进行的球局，抢七局中的双方的发球权会在局内进行交换，而不是其他球局中单方拥有发球权。——译者注

⊜ 网球比赛中每一分中发球一方每一次发球有两次机会，第一次失误（出界或者不过网）后会有第二次发球机会，称为"二发"，两次发球都失误称为"双发失误"，简称"双误"。——译者注

31

为。实际上，它表达的是你的经历中有些事件是好的，你喜欢它们；有些事件是坏的，你不喜欢它们。你不喜欢自己把球打下网的景象，但你判断对手被你直接发球得分的景象是好的。因此，评判是我们对经历中的景象、声音、感受和想法的自我反应。

那这又和网球有什么关系？这是因为正是这个最初的评判行为触发了一个思考过程。首先，球员的内心会判断他的一次击球是好还是坏。如果他认为它是坏的，他就会开始思考它有什么问题，然后告诉自己如何纠正它，继而努力尝试，同时给自己发出指令。最后他再次进行评估。显然，这个过程中内心绝不可能是平静的，身体也在努力中变得僵硬。如果击球被评估为好，自我1就会开始琢磨他是怎么做到如此好的击球的。然后，它试图通过自我指示、努力尝试等方式让身体去重复这个过程。这两个心理过程都会以进一步的评估来结束，这使得思考和刻意发挥这一过程不断循环持续。由此，球员的肌肉在需要放松时反而会收紧，击球动作变得笨拙而不流畅，负面评价可能持续并且不断加强。

在自我1评估了几个球之后，它有可能开始进行归纳总结。它不再将单一事件判断为"另一个糟糕的反手"，而是开始想到，"你的反手很糟糕"。它不再说"你在那一分上很紧张"，而是会概括为"你是俱乐部里最差劲的胆小鬼"。其他常见的评判性概括有："我今天很糟糕""我总是错过容易的球""我太慢了"，等等。

去观察评判心如何延伸拓展是一件有意思的事情。它可能从抱怨"这是一个多么糟糕的发球"开始，然后延伸到"我今天的发球很糟糕"。再经历几次"糟糕"的发球后，评判可能会进一步扩展到"我的发球很糟糕"。然后是，"我是一个糟糕的球员"，接着到了最后，"我根本就不行"。首先，内心对单一事件进行评判，其次针对群体事件，然后对群体事件产生认同感，最后对自己进行评判。

因此，这些自我评判变成了自我实现的预言，这种情况经常发生。也就是说，这些自我1对自我2的沟通，在被重复足够次数以后，就会固化成为对自我2的期望甚至是信念。然后，自我2会开始满足甚至达成这些期望。如果你足够多次地告诉自己，你的发球非常糟糕，就会引发一种催眠过程。这就好像自我2被赋予了一个角色——糟糕的发球手的角色——并将其发挥到极致，暂时压制了自己的真实能力。一旦评判心在其负面判断的基础上建立了自我认同，这种角色扮演的做法就会持续隐藏自我2的真正潜力，直到催眠咒语被打破。简而言之，你开始变成你的所想的样子。

在把几个反手球打下网后，球员对自己说，他的反手很"糟糕"，或者至少他的反手今天"失常"。他去找教练来解决这个问题，就像病人去找医生一样。教练则被期望能诊断出反手的问题并提供补救措施。这一切听起来太熟悉了。在中国的医学传统中，人们会在身体好的时候去看医生，而医生被期望去帮助他们保持健康的状态。同样地，你也可以只是带着自己反手球的本来面目，不做任何评判，去见你的网球教练，无须经历那些让人沮丧的情绪。

当被要求放下对自己的运动技能进行评判时，评判心通常都会抗议："但如果我不能在生死存亡的时刻把反手球打进场内，你难道希望我忽视我的失误，假装我的技术没问题吗？"请明确一点：放下评判并不意味着无视失误。它只是意味着看到事件的本来面目，不给它们添加任何东西。不带评判的觉察可能会观察到，在某场比赛中，你的一发有50%是下网的。它不会忽略这个事实。它可能准确地描述你那天的发球是不稳定的，并去试图寻找原因。评判则在我们对发球贴上"坏"的标签时就开始了，并且随之而来的愤怒、沮丧或灰心的反应会对自己的水平发挥造成干扰。如果评判过程可以随着事件被贴上"坏"的标签而停止，并且没有进一步的执念反应，那么干扰就会变得很有限。但评判性的标签通常会导致情绪反应，然后导致肌肉紧张、过度努力、自我谴责等。使用描述性而非评判性的词语来描述你所看到的事件则可以减缓这一过程。

如果一个爱评判的球员来找我，我会尽力不去相信他关于"糟糕的反手"的故事，也不去相信那个有着"糟糕的反手"的球员的故事。如果他把球打出界，我会注意到那些球出界了，而且我可能会注意到它们出界的原因。但是有必要评判他或他的反手技术不行吗？如果我这样做，我很可能在纠正他的过程中变得像他纠正自己时一样紧张。评判会造成紧张，而紧张会干扰准确和快速活动所需的流畅性。放松则会产生流畅的击球，而放松开始于对自己技术动作的接纳，哪怕那些动作是不稳定的。

读一读以下这个简单的比喻，看看评判过程的替代方案是否会浮现出来。当我们把一粒玫瑰种子种在土里时，我们注意到它很小，但我们不会批评它"无根、无茎"。我们把它当作一粒种子，给予它种子所需的水和营养。当它第一次从地里长出来的时候，我们不会谴责它不成熟以及发育不良，我们也不会批评它在花蕾刚出现时没有绽放。我们带着惊叹的目光看待正在发生的过程，并给予植物在其发展的每个阶段所需要的照顾。玫瑰从它是一粒种子到它凋谢都是玫瑰。其内部始终蕴含着它的全部潜力。它似乎一直处于变化的过程中，然而在每一种状态下，在每一个时刻，它都是完美地恰到好处。

类似地，我们做出的失误可以被看作发展过程的重要组成部分。在这个发展过程中，我们的网球水平会从失误中收获良多。甚至"状态持续低迷"也是这个过程的一部分。它们不是"坏"的事情，但只要我们把它们贴上"坏"的标签并和这个标签产生自我认同，它们似乎就会无休止地持续下去。就像一个知道土壤何时需要酸和碱的好园丁一样，一个称职的网球教练应该能够为你的运动水平的发展提供帮助。通常，首先需要去应对那些压抑人本身的自然发展过程的负面概念。当教练和球员都开始看见并接纳当下的击球动作时，他们就会激发这个自然发展过程的运转。

第一步是看到你击球动作的本来面目。它们必须被清楚地感知。这一点只有在个人评判消失的时候才能做到。一旦清楚地看到击球动作并接受此刻它的本来面目，一个自然而迅速的变化过程就开始了。

下面的例子是一个真实的故事，展现了解锁击球动作自然发展的关键所在。

发觉自然学习

1971 年夏天里的一天，我正在加利福尼亚州卡梅尔谷的约翰·加德纳网球俱乐部（John Gardiner's Tennis Ranch）里上一堂团体课，课上，一位生意人意识到，当他把球拍向后引回到来球的高度之下的时候，他的反手击球就变得更有力量和控制力。他对自己的"新"击球动作感到非常兴奋，兴冲冲地分享给了他的朋友杰克，就仿佛某种神迹发生了那样。一直视自己不稳定的反手为生命中最大难题之一的杰克，在午餐时着急地冲到我面前，惊叹道："我的反手一直很糟糕。也许你可以帮到我！"

我问："你的反手糟糕在哪儿？"

"我在拉拍时把球拍收回得太高了。"

"你怎么知道？"

"因为至少有五个不同的教练都这么告诉我。我只是没能纠正它。"

有那么一瞬间，我觉察到了这个情况是何其荒谬。这里有一个控制着非常复杂的大型商业企业的高管正向我寻求帮助，好像他根本对自己的右臂没有控制能力似的。我心想，为什么不可能就这么给他一个简单的答复："当然，我可以帮到你。放低你的球拍！"

但类似杰克这样的抱怨在各种智力水平和熟练程度的人当中都非常普遍。此外，很明显，至少有另外五个教练已经告诉过他去放低球拍，但也没达成什么效果。是什么让他不这么做呢？我琢磨着。

我让杰克在我们所在的天台上挥了几下拍。他的拉拍开始时的位置非常低，但后来，果不其然，就在向前挥出前的一刹那，他的球拍被抬到了肩膀的高度，并朝着想象中的球向下挥去。那五位教练说得没错。我让他再做几次挥拍动作，没有给出任何意见。"这是不是有所改进？"他问，"我试着把它放低。"但每次在向前挥拍之前，他的球拍都会抬起来；很明显，如果他打的是一个真实的球，向下切球所带来的倒旋会让球高飞出界。

"你的反手没什么问题，"我安慰道，"它只是在经历一些变化。你为什么不仔细观察一下它。"我们走到一个大窗台前，在那里我让他再次挥拍，同时观察他的倒影。他照做了，再次在向后拉拍时做出了他特有的动作，但这次他惊呆了："嘿，我真的把我的球拍抬得很高！它超过了我的肩膀！"他的声音中没有任何评判，他只是惊讶地报告着他的眼睛所看到的一切。

让我感到意外的是杰克的意外。他不是说过曾经有过五位教练告诉过他的球拍太高了吗？我确信，如果我在他第一次挥拍后告诉他同样的事情，他一定会回答："是的，我知道。"但现在很清楚的是，他并不是真的知道，因为没有人会在看到他们已经知道的东西时感到意外。尽管上了那么多课，他从来没有直接体验过他的向后拉拍结束时的高度。他的内心一直沉浸在评判的过程中，试图改变这种"坏"的动作，以至于他从来没有感知过动作本身。

看着镜子里他的动作，杰克能够在再次挥拍时毫不费力地将球拍压低。"这感觉完全不同于我曾经做出的任何反手挥拍。"他用发出宣言的方式说着。到了此刻，他正一次又一次地做出向上挥拍过球的动作。有趣的是，他并没有因为自己做对了而祝贺自己，他只是沉浸在不同的感受之中。

吃过午饭后，我给杰克喂了几个球，他能够记住挥拍的感觉并重复相应的动作。这一次，他只是去感知他的球拍的位置，让他的感觉取代镜子提供的视觉图像。这对他来说是一种新的体验。很快，他就能够以一种轻松的姿态持续地将上旋反手球打回场内，让人觉得这仿佛就是他天然的挥拍动作。10分钟后，他感觉自己"融会贯通"了，于是停下来表达了他的感激之情："我无法告诉你我有多感激你为我做的一切。我在10分钟内从你那里学到的东西比我在反手方面投入的20个小时的课还要多。"我可以感觉到随着我吸收了这些"好"话，内心的某些东西开始膨胀起来。同时，我也不知道该如何面对这种奢侈的赞美，我发现自己在支支吾吾地试图想出一个适当的谦虚的回答。然后，在一瞬间，我停止了纠结，因为我意识到我并没有给予杰克任何关于他的反手的指引！"但是我教了你什么？"我问道。他足足安静了半分钟，试图回忆我告诉他的内容。最后他说："我不记得你跟我说过什么！你只是在那里观察，并且你让我和以前相比更仔细地观察了自己。与其去看我的反手到底有什么问题，我只是开始了观察，而改进似乎是自己发生的。我不确定为什么，但我确实在很短的时间内学到了很多。"他已经学到了，但他是否被"教"了呢？这个问题让我十分着迷。

我无法描述当时我的感觉有多好，也无法描述为什么有这样的感觉。眼角甚至泛了泪花。我和他都学到了很多，但这些收获不属于其中任何一个人的功劳。我们只是隐隐意识到，我们其实都参与进了一个奇妙的自然学习的过程。

杰克新的反手击球一直就在那里等待着被释放，而解锁它的关键一刻就是当他停止尝试改变自己反手击球的那一刹那——他看清了自己击球本来的样子。起初，在镜子的帮助下，他直接体验了自己的拉拍。在没有思考或分析的前提下，他提高了对这部分技术动作的觉察。当内心没有任何思绪或评判时，它是静止的，就像一面镜子一样。那时刻，也只有在那一时刻，我们才能认知到事情的本来面目。

对本来面目的觉察

在网球运动中，我们需要知道两件重要的事情：第一件是球在哪里；第二件是球拍拍头在哪里。一个人从开始学习网球的时候起，他就被告知看球的重要性。这很简单：你可以通过看球来知道球在哪里。你不必想："哦，球来了，它在上方一英尺左右的高度越过球网，而且速度很快。它应该会在底线附近弹起，我最好在它上升时去迎击它。"不，你只需要看球，然后让适当的身体反应发生。

同样，你不必考虑你的拍头应该在哪里，但你应该意识到随时知道拍头在哪里的重要性。你不能通过盯着拍头来了解它的位置，因为你的眼睛在看着球。你必须去感受它。感受拍头会让你对它的位置有所了解。知道它应该在哪里并不

The Inner
Game of
Tennis

当内心没有任何思绪或评判
时，它是静止的，就像一面
镜子一样。那时刻，也只有
在那一时刻，我们才能认知
到事情的本来面目。

是感受它的位置，知道你的球拍没做什么也不是感受它的位置，感受它在哪里才是知道它的位置。

当一个人上我的课的时候，无论他有什么样的抱怨，我发现最有益的第一步是鼓励他去观察和感受自己在做什么，也就是提高他对实际情况的本来面目的觉察。当我自己的动作出现问题的时候，我也会遵循同样的过程。但要想看清事物的本来面目，我们必须摘下评判的有色眼镜，无论它们染着深灰色还是玫瑰色。这一步行动会解锁一个充满了惊喜和美好的自然发展的过程。

例如，假设一名球员抱怨他的正手击球时机不对。我不会去分析他出了什么问题，然后给他指引，比如"早点收回球拍"或"在你身前更远的位置击球"，相反，我可能会简单地让他去留意当球过网落地时他的球拍头的位置。由于这不是一个常见的指示，球员很可能从来没有被告知过在那个特定的时刻他的球拍应该或者不应该在哪里。如果他的评判心正在作祟，他可能会变得有点儿紧张，因为自我1喜欢尝试做"正确"的事情，当他不知道某个特定动作的对错时，他会感到紧张。因此，球员可能会立刻问当球弹起来的时候他的球拍应该在哪里。但我拒绝给出答案，只是让他观察在那一刻他的球拍在什么位置。

The Inner
Game of
Tennis

要想看清事物的本来面目，我
们必须摘下评判的有色眼镜。

在他打了几个球之后，我请他告诉我他的球拍当时在哪里。典型的回答是："我收回球拍太晚了。我知道自己做错了什么，但我无法阻止。"这是所有体育项目的运动员的常见反应，也是造成很多挫折感的原因。

"暂时忘掉对和错，"我建议，"只要在球触地弹起的那一刹那观察你的球拍就行。"在击打了另外五到十个球后，球员很可能会回答："我做得更好了，我收拍更早了。"

"是的，但你的球拍在什么位置？"我问。

"我不知道，但我想我已经及时收拍了……不是吗？"

没有对错的标准会让评判心感到不安，于是它凭空制造了自己的标准。这时人的注意力就会从当下的本来面目被转移到了努力把事情做对的过程上去。尽管他可能会更早地收回球拍，并且击球变得更加扎实，但他仍然不知道球拍在哪里。（如果这个球员停留在这个状态上，以为他已经找到了他的问题的"窍门"——把球拍早一点儿收回——他是会在一段时间内感到满意的。他会迫不及待地出去打球，并在每一拍正手之前会对自己重复："早点儿收拍，早点儿收拍，早点儿收拍……"在一段时间内，这个神奇的短句似乎会产生"好"的效果。但经过一段时间后，尽管他仍然会提醒自己，他会再次出现错失击球时机的现象，会再想知道哪里出了"问题"，并会回到教练那里去寻找下一个"小窍门"。）

于是，我没有在球员做出正向评判的时候让他停下来，而是再次要求他观察他的球拍，并告诉我在网球触地反弹的瞬间球拍到底在什么位置。当球员最终让自己带着超然和好奇的心态来观察他的球拍时，他可以感觉到它到底在做什么，并且他的觉察也随之增强。然后，不需要努力纠正，他就会发现他的挥拍已经开始形成一种自然的节奏。事实上，他将找到最适合自己的节奏，它可能与某些被称为"正确"的普遍标准略有不同。然后，当他出场打球的时候，他就不再必须重复某些魔法短语，可以不假思索地集中注意力。

这里我想说明的是，如果被允许的话，每个人由内在都存在着一个自然学习的过程，正等待着所有不知道其存在的人去发现。你并不需要因为我说了这些就相信，你凭着自己就能发现它的存在。如果你已经有过这种体验，那就请相信它。（这是第 4 章的主题。）为了发现这个自然学习的过程，有必要放下原来的纠正错误的过程，也就是说，有必要放下评判，然后看看会发生什么。在非批判性关注的影响下，你的挥拍动作会不会得到发展？去验证一下吧。

那正向思维呢

在结束有关评判心的话题之前，需要说一下"正向思维"。如今，人们经常讨论负向思维的"坏"影响。书籍和文章建议读者用正向思维取代负向思维。人们被建议停止对自己说他们是丑陋的、不协调的、不快乐的或其他什么，并对自己重复说他们是有吸引力的、协调的和快乐的。用一种"正向的催眠术"代替以前的"负向的催眠术"的习惯，看起来至少有短期的好处，但我总是发现，"蜜月期"很快就会结束。

作为一名网球教练，我学到的第一课就是不要去找任何学生的错，甚至不要去找他的挥拍动作的错。所以我也不再批评他们。相反，我会找各种机会夸奖学生，并只对如何纠正他的动作提出正向的建议。然而在一段时间后，我发现自己不再夸奖我的学生了。引发这一变化的觉察来自某天我给一群女士上的步法课。

在我对自我批评做了一些初步性的介绍后，其中一位女士克莱尔问道："我可以理解负向思维是有害的，但当你做得好时夸奖自己呢？正向思维呢？"我对她的回答很模糊：

"嗯，我不认为正向思维和负向思维同样有害。"但在随后的课程中，我对这个课题有了更清晰的认知。

在课程开始时，我告诉女士们，我将给她们每个人喂六个跑动正手球，我希望她们能简单地感知自己的双脚。"去感知一下你的双脚是如何移动到位的，以及在你击球时两脚之间是否有任何重心转移。"我告诉她们，没有什么对错可言，她们只需要全神贯注地留意自己的脚步。当我把球喂给她们时，我没有做任何评论。我全神贯注地观察着眼前发生的一切，但没有表达任何正向或负向的判断。同样地，女士们也很安静，互相观察着，没有任何评论。她们每个人似乎都沉浸在体验自己双脚移动的简单过程中。

在这一组的 30 个球之后，我注意到网前没有落球，球都被击打过网并集中停留在了我这一侧的区域。"看，"我说，"所有的球都集中在角落里，没有一个落网。"虽然从语义上讲，这句话只是对事实的观察，但我的语气透露出我对我所看到的结果感到高兴。我是在夸奖她们，也是在间接夸奖作为她们教练的自己。

令我惊讶的是，下一个要打的女士说："噢，你就非得在轮到我之前说这些！"虽然她是在半开玩笑，但我看得出她有点儿紧张。我重复了之前的指示，又喂了 30 个球，没有发表意见。这一次，女士们皱起了眉头，她们的脚步似乎比以前更笨拙了一些。打完第 30 个球后，落网的有 8 个，我身后停的球也变得相当分散。

我在心里暗自批评自己破坏了魔法。接着，最初向我询问正向思维的克莱尔感叹道："噢，我毁了所有人的击球。我是第一个把球打下网的人，而且我打了四个球下网。"我和其他人都很惊讶，因为这不是真的。是另一个人打了第一个落网球，而且克莱尔只打了两个球下网。她的评判心扭曲了她对实际发生的事情的看法。

然后我问女士们在第二组击球过程中，她们是否意识到自己心里出现了什么不同。她们每个人都回答说，她们对自己的双脚的觉察变少了，而是更专注于努力避免把球打下网。她们感到自己被种下了一种预期，一个正确和错误的标准，而她们需要去努力地满足这些预期和标准。这正是第一组球中所没有的东西。我开始发现，我的夸奖触发了她们的评判心。自我 1，也就是自我执念，那时候就已经开始行动了。

通过这一经历，我开始看清自我 1 是如何运作的。这个巧妙隐藏着的自我执念总是在寻求被肯定，并且希望逃避被否定，它会把赞美看作一种潜在的批评。它的理由是："如果教练对一种表现感到满意，他就会对相反的表现感到不满意。如果他因为我做得好而欣赏我，他就会因为我做得不好而嫌弃我。"确立了好与坏的标准，不可避免地就会发生注意力分散和自我执念干扰的现象。

在第三组击球中女士们也开始意识到她们紧张的原因。然后克莱尔似乎像一个 1000 瓦的灯泡一样亮了起来。"哦，我明白了！"她感叹道，用手拍打着额头，"我的夸奖是变相的批评。我用这两种方法来操纵行为。"然后她就跑出了球场，说她必须找到她的丈夫。显然她看到了她在网球场上对待自己的方式与她的家庭关系之间的联系，因为一小时后我看到她和她丈夫在一起，仍然沉浸在深度的对话当中。

显然，正向和负向的评价是彼此相对而言的。如果不把其他事件看作是不正向的或负向的，就不可能把一个事件判断为正向的。世上没有一种方法去只停止评判过程中消极的一面。要看到你的挥拍动作的本来面目，就没有必要为它们贴上好或者坏的标签。同样的理念也适用于挥拍所产生的结果。你可以准确地注意到一个球出界的距离有多远，而不给它贴上一个"坏事件"的标签。通过终止评判，你并没有逃避去看到真实的情况。终止评判意味着你既不增加也不减少你眼前的事实。事物以它们的本来面目出现——没有扭曲。
通过这种方式，内心也变得更加平静。

"但是，"自我1抗议道，"如果我看到我的球出界了，
而我不评价它是坏的，我就没有任何动力去改变它。如果我
不嫌弃我做错的事情，我怎么会去改变它呢？"自我1，即
自我执念，想要承担起让事情变得"更好"的责任，它想为
自己在事情中扮演的重要角色邀功。当事情不按照它的预期
发生时，它也会担心和遭受很多痛苦。

下一章将探讨另外一种不同的过程：过程中行动自如且
合理，没有一个在其中去追逐积极因素和试图改变消极因素
的自我执念。

在内在游戏中要培养的第一个内在技能是不带评判的觉
察。当我们"放下"评判时通常会惊讶地发现，我们并不需
要有改革派那样的动力来改变我们的"坏"习惯，我们可能
只是需要更多的觉察。世上有一个更自然的学习和发挥的过
程正等待着我们去发现，它正等待着一个在没有评判心的干
扰下发挥作用的机会，以展示它的能力。对这一过程的发现
和信赖是下一章的课题。

但在这之前，先分享一个平衡各方的想法。重点是要记

The Inner
Game of
Tennis

终止评判意味着你既不增加
也不减少你眼前的事实。
事物以它们的本来面目出
现——没有扭曲。通过这种
方式，内心也变得更加平静。

住，不是所有的评论都是评判性的。认可自己或他人的长处、努力、成就等，可以促进自然的学习，而评判则会去干扰。两者的区别是什么？对一个人能力的认可和尊重是对自我 2 的信任的支持，而自我 1 的评判，则试图操纵和破坏这种信任。

随着评判的停止，自我 1 开始对自我 2 产生信任，一切巅峰绩效表现所需要的基本但难以获得的要素——自信才会最终浮现。

The Inner
Game of
Tennis

第 4 章

信任自我2

上一章的论点是，要使自我执念和身体之间更加和谐，即自我 1 和自我 2 之间更加和谐，第一步就是要放下自我评判。只有当自我 1 停止对自我 2 及其行动进行评判时，它才能意识到自我 2 是什么，并欣赏自我 2 发挥作用的过程。随着评判的停止，自我 1 开始对自我 2 产生信任，一切巅峰绩效表现所需要的基本但难以获得的要素——自信才会最终浮现。

自我 2 是谁，是什么

暂时抛开你对自己身体的看法——无论你认为它是笨拙的、不协调的、一般的还是非常棒的——想一想它的所作所为。当你阅读这些文字的时候，你的身体正在进行一场非凡的协调工作。眼睛毫不费力地移动，接收黑白图像，并自动和类似标识的记忆进行比较，转化为符号，然后与其他符号连接，形成一个富有意义的印象。每隔几秒就有数千次这样的操作发生。同时，在没有刻意努力的情况下，你的心脏在跳动，空气在呼吸中进出肺部，使一个由器官、腺体和肌肉组成的极其复杂的系统得到滋养并正常工作。无须刻意干预，数十亿个细胞就能运作、繁殖和抵御疾病。

如果你在开始阅读之前走到椅子前并打开灯，你的身体就已经协调了大量的肌肉运动来完成这些任务。自我 1 不必告诉你的身体在手指碰到电灯开关之前要伸多远，你知道你的目标，而你的身体不假思索地做了必要的事情。身体学习并执行这些动作的过程与它学习并打网球的过程没有什么不同。

思考一下自我 2 在回击发球过程中所进行的一系列复杂的动作。为了预测如何和向哪里移动脚步，以及是否在正手或反手侧收回球拍，大脑必须在网球离开发球者球拍的瞬间，在几分之一秒内计算出它将在哪里落地，以及球拍将在哪里拦截它。在这个计算中，大脑必须算出球的初始速度，考虑球速逐渐下降的情况以及风和旋转的影响，更不用说所

The Inner
Game of
Tennis

拥有人类身体的每一个人都
拥有着非凡的天赋。

涉及的复杂轨迹。然后，这些因素中的每一个都必须在球弹起后重新计算，以预测球拍的拦截点。同时，肌肉指令必须被发出——不是一次，而是不断地根据更新的信息进行调整。最后，肌肉必须相互配合做出反应：脚步发生移动，球拍以一定的速度和高度收回，拍面在球拍和身体平衡地向前移动时保持一个恒定的角度。根据给出的指令是打直线还是跨场打对角，网球在一个精确的点上被击中——这个指令是在根据对网对面的对手的移动和平衡进行瞬间分析之后才给出的。

如果是皮特·桑普拉斯（Pete Sampras）[⊖]发球，你只有不到半秒的时间来完成这一切。即使你是在回击一个普通球员的发球，你也只有大约一秒的时间。仅仅是击到球就已经是一个难能可贵的成功，而以稳定和准确的方式回球则是一个令人难以置信的壮举。然而，这并不罕见。事实上，真相是拥有人类身体的每一个人都拥有着非凡的天赋。

有鉴于此，为我们的身体贴上贬义词的标签似乎并不恰当。自我 2——即身体本体，其中包括了大脑、记忆库（有意识和无意识）和神经系统——是一个极其复杂和称职的潜力集合，它之中潜藏着的是惊人的内在智慧，它可以如孩童

⊖　皮特·桑普拉斯是职业男子网球运动中最负盛名的运动员之一。——译者注

般地轻松学习它不了解的东西，它在每一个动作中都使用了数十亿个细胞和神经通信环路。

上述内容只有一个目的：鼓励读者尊重自我2。这个神奇的天赋竟被我们厚颜无耻地称为"笨拙的"。

当我们反思所有自我2行为中内含的无声智慧，我们那些傲慢和不信任的态度将逐渐改变。随着这种改变的发生，那些占据了我们的内心、让我们无法专注的自我指令、批评和过度控制的倾向性也会随之消解。

信任自己

只要自我1因为无知或骄傲而不去认可自我2的能力，真正的自信就难以出现。正是自我1对自我2的不信任，造成了两种干扰，一种被称为"过度努力"，另一种则是过多的自我指令。前者导致过多的肌肉被使用，后者导致精神干扰和注意力不集中。显然，两个自我间的新型关系必须建立在"信任自己"的原则之上。

在网球场上，"信任自己"意味着什么？它并不意味着正向思维。例如，期望你每次发球都能直接得分。在网球中信任你的身体意味着允许你的身体去击球，关键词是"允许"——你相信你的身体和大脑的能力，"允许"它挥动球拍。自我 1 不参与其中。但是，尽管这非常简单，却并不意味着它很容易。

在某些方面，自我 1 和自我 2 之间的关系类似于父母和孩子之间的关系。有些父母，当他们认为自己更清楚如何才能做得更好时，就很难放手让孩子去尝试，但是，充满信任和爱的父母会允许孩子执行自己的行动，甚至去犯错，因为他们相信孩子会从中得到学习。

允许其自然发生并不是刻意努力使其发生。它不是努力尝试，不是控制你的击球，这些都是自我 1 的行为，它是因为不信任自我 2 而决定自行其是。这就是产生紧张的肌肉、僵硬的挥拍、笨拙的动作、咬紧的牙齿和绷紧的脸颊肌肉的原因。其结果是失误的击球和大量的挫败感。通常情况下，当我们在赛前热身时，我们相信我们的身体，并允许其自然发挥，因为自我执念告诉自己，这并不真正算数。但是一旦比赛开始，就要留意自我 1 出手接管——在关键得分点上，它开始怀疑自我 2 是否会有好的表现；越是重要的得分点，自我 1 可能越是试图控制击球，而这正是身体变紧的时候。其结果几乎总是令人沮丧的。

让我们仔细看看这个身体变得紧张的过程，这是每一项体育运动中的每一个运动员身上都会发生的现象。解剖学告诉我们，肌肉是双向机制的，也就是说，某块肌肉要么放松要么收缩。它不可能部分收缩，就像电灯开关不可能部分关闭一样。松开或紧握球拍的区别在于收缩的肌肉数量。击打出一个高速度的发球究竟需要多少块肌肉和哪些肌肉？没有人知道，但如果有意识的内心认为它知道并试图控制这些肌肉，它将不可避免地使用不需要的肌肉。多余肌肉的使用不仅浪费了能量，而且某些收紧的肌肉会干扰放松其他肌肉的需要。认为必须使用大量的肌肉才能如愿以偿地大力击球，自我 1 会主动使用肩部、前臂、手腕甚至面部的肌肉，这实际上会阻碍击球的力量。

如果你手边有一个球拍，把它拿起来试试这个实验。（如果你没有球拍，可以抓住任何可移动的物体，或者直接用手抓住空气。）收紧你手腕上的肌肉，看看你能以多快的速度甩动球拍。然后放松手腕肌肉，看它能甩得多快。显然，放松的手腕更灵活。发球时至少有一部分力量的产生是由手腕的灵活扣动产生的。如果你试图故意用力击球，你很可能会过度收紧手腕的肌肉，减慢手腕的甩动，从而失去力量。此外，整个击球动作会是僵硬的，也会难以维持平衡。这就是自我 1 对身体智慧的干扰。（你可以想象，一个僵硬手腕做出的发球并不符合发球者的期望。因此，他下次可能会更加努力，收紧更多的肌肉，变得越来越沮丧和疲惫，而且我可以补充说，增加了患上网球肘的风险。）

令人庆幸的是，大多数儿童在父母告知他们该如何走路之前就学会了走路。然而，孩子们不仅能很好地学会走路，而且还能从他们自身体内运作着的自然学习过程中获得自信。母亲带着爱和兴趣观察孩子的努力，如果她们是聪明人，就不会做太多的干预。如果我们能像对待学习走路的孩子一样对待我们的网球技能，我们会取得更大的进步。当孩子失去平衡而摔倒时，母亲不会谴责孩子笨拙，甚至不会为此感到难过。她只是注意到这一事件，并可能说一句话或给出一个手势作为鼓励。因此，孩子学习走路的进展从来不会因为"孩子是不协调的"这一观点而受到阻碍。

一位网球初学者为什么不能像慈母对待孩子一样对待自己的反手？这里的诀窍是不要和反手水平产生认同感。如果你把一个缺乏稳定表现的反手当成你自己是谁的一种投射，你会感到不安。但你的反手不能代表你，正如父母并不等同于他们的孩子。如果一个母亲与她孩子的每一次跌倒都产生认同感，并以孩子的每一次成功为荣，她的自我认知就会像她孩子的平衡一样不稳定。当她意识到她与她的孩子是两个单独的个体，她就会找到那份稳定，并作为一个独立的个体存在，带着爱和兴趣观察孩子的经历。

这种同样的超然兴趣是让你的网球技能自然发展的必要条件。记住，你的网球技能不能代表你，你的身体也不能代表你。相信身体的学习和发挥，就像你相信另一个人做一件事一样，很快它的表现会超出你的预期。让花儿自然成长。

前面陈述的理论应该得到实践证明，而不是盲目相信。在本章结尾处有几个实验，可以让你有机会体验到刻意努力做某事和允许其自然发生的区别。我建议你也设计自己的实验，以发现你无论是在赛前练习时还是在压力下，愿意在多大程度上信任自己。

允许其自然发生

此时，读者可能已经想要问："如果我一开始就没有学会打正手，我怎么可能'允许一个正手球顺其自然地发生'？难道我不需要有人告诉我怎么做吗？如果我从来没有打过网球，我可以在球场上'允许它自然发生'吗？"答案是，如果你的身体懂得如何打正手，那么就允许它自然发挥；如果它还不懂，那么就允许它自然学习。

自我 2 动作的基础是自己过去的行动或对别人行动的观察所得信息的记忆。一个从未拿过球拍的球员需要让球打到弦上几次，自我 2 才会了解到球拍的中心离握着它的手的距离是多少。每当你击球时，无论正确与否，自我 2 的"计算机"记忆都在收集有价值的信息，并将其储存起来供将来使用。随着人们的练习，自我 2 也在不断完善和扩展其记忆库中的信息。它一直在学习，诸如：球在不同的速度和不同的旋转下弹得有多高，球落下的速度和弹起冲出球场的速度有多快，以及球应该在什么位置被击中才能把它打到球场的不同方位。自我 2 取决于你的注意力和警觉程度，能记住自己的每一个动作和所产生的结果。因此，对于一个初学的球员来说，重要的是忘记步步为营的自我指导，让自然的学习过程发生。这么做将带来令人惊讶的结果。

让我用一个例子来说明容易和困难的学习方法。我在12 岁时被送到舞蹈学校，在那里我被教导华尔兹、狐步舞和其他只有在中古时期才碰得到的舞步。我们被告知"把你的右脚放在这里，左脚放在那里，然后把它们靠拢在一起。现在将你的重心转移到你的左脚，转身"，等等。这些步法并不复杂，但直到许多个星期过去我才能开始在跳舞时不需要在头脑里回放录音："把你的左脚放在这里，右脚放在那里，转身，一、二、三，一、二、三。"我会回忆出每一个步法，给自己下达指令，然后执行它。那时候我几乎意识不到我臂弯里还有一个女孩，好多个星期后我才能够在跳舞时进行对话。

这是我们大多数人教自己网球的步法和击球动作的方法，但这是一种多么缓慢而痛苦的方法啊！对比时下一个12岁儿童学习舞蹈的方式：某天晚上，这个孩子去参加派对，看到他的朋友们在跳当时流行的各种不知名的舞蹈，回家后就把它们全部掌握了。然而这些舞蹈比狐步舞要复杂得多。试想一下，要把这些舞蹈的每一个动作都写成文字，需要多大的指导手册啊！这需要一个体育学博士和一整个学期的时间来"照本宣科"地学习它们，但是一个数学和英语可能不及格的孩子用一个晚上就毫不费力地学会了。

他是如何做到这一点的？首先，只是去观察。他不去想他看到的是什么——左肩抬起一点儿，而头向前抽动，右脚扭转。他只是在视觉上吸收了他面前的图像。这个图像完全绕过了自我执念，仿佛直接灌入了身体之中，几分钟后孩子就在地板上做着与他所看到的非常相似的动作。现在他正在感受模仿这些图像的感觉。他重复了几次这个过程，先是看，然后是感受，很快就毫不费力地跳了起来，完全"随心所欲"。如果第二天他的姐姐问他如何跳出这支舞的，他会说："我不知道……像这样……明白了吗？"具有讽刺意味的是，他认为自己不知道怎么跳，因为他无法用语言解释，而我们大多数通过口头指导学习网球的人都能很详细地解释应该如何击球，却很难做到。

对自我 2 来说，一张图像胜过千言万语，它通过观察别人的动作以及自己做出动作来学习。几乎所有的网球运动员都有过在电视上观看冠军网球赛事后超水平发挥的经历。给你的竞技能力带来帮助的不是分析顶级球员的击球动作，而是不假思索地集中注意力让自己吸收眼前的图像。然后，在你下次打球时，你可能会发现某些重要的隐形因素，如击球时机、预判和自信心都得到了极大的改善，而这一切都不需要刻意的努力或控制。

与自我 2 进行沟通

简而言之，对我们许多人来说，需要与自我 2 建立一种新的关系，而建立新的关系涉及新的沟通方式。如果旧有的关系是以基于不信任的批评和控制为主要特征的，那么更值得期待的关系则是基于尊重和信任的。如果真是这样，这种改变可以从态度的改变开始。如果你去观察处于批评姿态下的自我 1，你就会发现它会俯视自我 2，并用贬低的想

The Inner
Game of
Tennis

当你以尊重的态度去仰视自
我 2 的时候，那些与控制和
批判的态度伴生的感觉和想
法就会逐渐消失，自我 2 的
真身就会开始浮现。

法去削弱（在它自己眼中的）自我 2。另一种可能性是学会仰视自我 2，这是基于对其自然智慧和能力的真正认可而采取的尊重态度。这种态度的另一个名字是谦逊，这是一种在你欣赏的事物和人物面前油然而生的感觉。当你以尊重的态度去仰视自我 2 的时候，那些与控制和批判的态度伴生的感觉和想法就会逐渐消失，自我 2 的真身就会开始浮现。有了尊重的态度，你就会学会使用对方的语言方式来进行对话。

本章的其余部分将讨论与自我 2 沟通的三种基本方法（请求结果、请求动作形态、请求品质）。使用最合适的语言是良好沟通的基本条件。假如 A 先生希望确保将他的信息传达给 B 先生，如果可以，他将使用 B 先生的母语。自我 2 的母语是什么？当然不是文字！文字是在出生几年后才被自我 2 学会的。自我 2 的母语是图像：感官图像。动作是通过视觉和感觉图像学习的。因此，我将讨论的三种交流方法都涉及通过图像和感觉图像向自我 2 发送目标导向的信息。

向自我 2 请求结果

许多学习网球的球员过于注重击球动作，而对结果不够关注。这些球员觉察到了他们如何击球，但不关心球的实际去向。对这些球员来说，将他们的注意力从手段转向目的往往是有帮助的。以下是一个例子。

在一次有五位女士参加的小组课上，我问每位球员她最想做出的一个改变是什么。第一位女士，莎莉，想练习她的正手（如她说的，"最近真的很糟糕"）。当我问她不喜欢她正手的什么时，她回答说："嗯，我的球拍拉回得太晚和太高，而且我在随拍过程中球拍翻转得太多了。我还经常把眼睛从球上移开，而且我认为我上前迎球做得不是太好。"很明显，如果我对她提到的每一个因素进行指导，这堂课就没有别的学生什么事了。

于是我问莎莉，她对自己的正手球的结果有什么看法，她回答说："它落点太浅（不够靠近底线），而且没有什么力量。"现在我们有了可以利用的东西。我告诉她，我想象她的身体（自我2）已经知道如何把球打得更深、更有力量，而且就算它不知道，它也会很快学会。我建议她想象球落在底线深处所要划出的弧线，注意球过网的时候高出多少，并在脑海中保持这个画面几秒。然后，在击打一些球之前，我说："不要试图把球打到底线深处。只要让自我2去做这件事，让其自然发生。如果球继续落得很浅，也不要有意识地去纠正。只需放手，看看会发生什么。"

莎莉打出的第三个球落在了底线内一英尺的地方。在接下来的 20 个球中，有 15 个球落在了球场的接近底线 1/4 的区域，而且后面的击球的力量越来越大。当她击球时，其他四位女士和我都能看到她提到的所有因素都在明显而自然地发生变化：她的拉拍变低了，她的随拍动作变平了，她开始以平衡和自信的方式击球。当她打完后，我问她做了什么改变，她回答说："我没有做什么。我只是想象着球在高两英尺的高度过网，落在底线附近，而它就是这么发生了！"她既高兴又惊讶。

莎莉在正手方面的做出的改变在于，她就所期望的结果给了自我 2 一幅清晰的视觉图像。然后她实际上告诉她的身体："尽你所能让球去到那里。"接着她要做的就是让其自然发生。

为你所期望的结果找到最清晰的图像是与自我 2 沟通的最有用的方法，特别是在进行比赛时。一旦你进入了比赛当中，再去练习击球动作就太晚了，但你可以在内心保留那一张你希望球去的地方的图像，然后让身体做必要的事情，把球打到那里。此时信任自我 2 是至关重要的。自我 1 必须保持放松，避免发出"如何做"的指令，不要努力控制击球动作。随着自我 1 学会放手，对自我 2 能力的信心就会出现并

The Inner
Game of
Tennis

为你所期望的结果找到最清晰的图像是与自我 2 沟通的最有用的方法。

不断增强。

向自我 2 请求动作形态

有时候，能够对某一特定击球动作中的一个或多个元素进行刻意的改变是有价值的。（这个过程将在第 6 章"改变习惯"中详细讨论。）

简而言之，这个过程与请求结果的过程非常相似。例如，假设你总是在击球之后的随拍过程中会把球拍进行翻转，而且不管做了多少努力都没法改掉这个习惯，那么首先，你必须给自我 2 一个非常清晰的图像来传达你对它的要求。要做到这一点，最好的办法是把球拍放在你面前，摆出正确的随拍姿势，全神贯注地看着它，持续几秒。你可能会觉得自己很傻，认为自己已经知道了正确的随拍动作，但是，给自我 2 一个去模仿的图像是至关重要的。做完这些后，闭上眼睛，尽可能清晰地想象你的整个正手动作，球拍在整个挥动过程中保持平直，这可能也是有帮助的。然后，在每一次打球之前，挥动球拍几次，让球拍保持平直，让自己体验一下以这种新的方式击球的感觉。一旦你开始击球，重要的是不要试图让你的球拍保持平直，你已经对自我 2 提出了球拍保持平直的要求了，所以就允许其顺其自然地发挥！自我 1 的唯一作用是保持平静，以一种超然的方式观察结果。我再强调一下，重要的是不要有意识地努力保持球拍的平直。如果几次击球之后，球拍没有做到你给自我 2 的图像的程度，那么就再次想象你所希望的结果，让你的身体挥动球拍。不要刻意努力让这个实验成功——如果你这样做了，自我 1 就会参与进来，你就不会真正知道自我 2 是否在没有其他支持的情况下击球。

两个实验

重要的是不仅要从理念上理解"允许其自然发生"和"刻意努力使其发生"之间的区别，还要体验这种区别。体验差异就是了解差异。为此，我建议做两个实验。

第一个实验是尝试用网球打一个固定的目标。在一个发球区里的反手角上放一个小网球桶。然后想一想，你应该如何挥动你的球拍来打到这个球桶。想一想要把球抛多高，在击球时球拍的适当角度、适当的重心转移，等等。现在瞄准球桶并尝试打中它。如果你错过了，再试一次。如果你打中了，试着重复你所做的一切，以使你能再次打中它。如果你按照这个流程做了几分钟，你就会体会到我所说的"刻意努力"和"允许其自然发生"的意思。

在你深切感受过这个体验以后，将球桶移到另一个发球区的反手角，进行后半部分的实验。这一次站在底线上，做几次深呼吸，放松。看着球桶，然后想象球从你的球拍到球桶的路径，在想象中看到球正好打在球桶的标签上。如果你愿意，闭上眼睛，想象自己发球，球打到球桶上。这样做几次。如果在你的想象中，球没有打中目标，那也没关系，重复这个画面几次，直到球击中目标。现在，不要考虑你应该如何击球，不要试图击中目标，允许你的身体（即自我2）做任何必要的事情来击中球桶，然后放手让它去做。不做任何控制，不纠正想象中的坏习惯，只需相信你的身体会做到这一点。当你把球抛起时，把你的注意力集中在球的接缝处，然后让发球本身自然发生。

球会击中或错过目标。请留意它的具体落点。这时你应该把自己从对成功或失败的一切情绪反应中解放出来，只需要了解你的任务，并对结果怀抱客观的兴趣，然后再发出球。如果你错过了球桶，不要惊讶，也不要试图纠正自己的错误。这是最重要的。再次将自己的注意力集中在球桶上，然后让发球本身自然发生。如果你忠实地不试图去击中球桶，也不试图纠正你的失误，而是对你的身体和它的"计算机"充满信心，你很快就会看到发球正在自我修正。你将体验到，真的存在一个自我2，在没有人告诉它该做什么的情况下采取行动和进行学习。观察这个过程——你的身体在做出必要的改变，以让球越来越接近球桶。当然，自我 1 是非常狡猾的，要让它一点儿都不干预是极其困难的，但如果你让它安静一点儿，你就会开始看到自我 2 在起作用，你会像我一样惊讶于它所能做的，以及它做得毫不费力。

为了体验自我 2 的真实性，我推荐的第二个实验是去做出动作的改变，首先是去挑选一些你想在你的击球动作上做出的改变。例如，选择一个你一直试图纠正却无法成功的坏习惯。然后在球场上，请一位朋友给你喂 20 个球，尝试纠正这个习惯。告诉你的朋友你正在努力做什么，并请他观察这个坏习惯是否正在得到改善。努力尝试，以你以往试图改变一个习惯的方式来进行尝试。体验这种形式的努力。如果失败了，留意你失败之后的感受，也留意你是否感到尴尬或紧张。现在试着在底线来回拉练的过程中用你改正后的击球动作来击球。然后在比赛中进行尝试，看看会发生什么。

接下来，挑选另一个你想纠正的习惯，甚至也可以用同一个习惯。（如果这个习惯在你的第一次尝试中没有得到纠正，那么在同一个习惯上再去试试也会很有趣。）请你的朋友给你喂 5 个或 10 个球，在这个过程中，不要试图改变你的动作，只是观察它。不要分析它，只是仔细观察，体会你的球拍在每一个时刻都处于什么位置。当你仅仅是不带判断地观察你的击球动作时，变化就有可能会发生，但如果你觉得进一步修正是有必要的，那么就"创造一个理想形态的图像"，准确地向自己展示你希望自我 2 做的是什么。给自我 2 一个清晰的视觉图像，在你所期望的轨迹上缓慢地移动你的球拍，非常仔细地观察它，然后重复这个过程，但这次要确切地体会以这种新的方式移动球拍是一种什么感觉。

在为自己提供了图像和感觉之后，你就做好了击球的准备了。现在让你的双眼和内心都聚焦球的接缝处，让动作自然发生。然后，观察发生了什么。再做一次，不要分析，只需看看自我 2 做到的和你想要的之间的差距。如果你的球拍没有遵循你想象的轨迹，那么重新创建图像，让动作再次自然发生。继续这个过程，让自我 1 随着每一次击球越来越放松。很快你就会发现，自我 2 是可以被信任的。长期的习惯可以在片刻间改变。20 个球左右后，请你的朋友再次和你一起对打底线球。请注意，你不要试图通过在打球时做得"对"来促使这个实验成功，只需继续观察你击球动作中具体正在发生改变的部分。要带着超然的态度认真地观察它，就像在观察别人的动作一样。观察它，它就会用属于自己的方式毫不费力地发生改变。

也许这看起来让人难以置信。我能做的就是建议你自己去实验来见证它的作用。

这种改变习惯的艺术值得更多的阐述，因为这是许多球员在课程中花费大量时间和金钱的地方。但在对这种艺术进行更全面的阐述之前，让我们讨论一下与自我2沟通的第三种方法。

向自我2请求品质

在上一章中，我指出了评判过程如何经常自我滋生和拓展，直到形成一个强烈的负面自我形象。一个人首先相信自己不是一个好的网球运动员，然后就去活出这个角色，除了偶尔展现出自身真正能力以外，从不允许自己做到或者拥有任何成功。大多数球员会催眠自己，让自己活成比真实自身要糟糕得多的角色，不过另一种不同类型的角色扮演往往可以取得一些有意思的结果。

这种角色扮演叫"请求品质"。我通常会这样介绍这种玩法："想象一下，我是一部电视连续剧的导演。了解到你是一个懂得打网球的演员，我问你是否愿意接一个扮演顶级网球运动员的小角色。我向你保证，你不必担心把球打出界或打落网，因为镜头只会对准你，不会跟着球走。我主要关心的是你要表现出专业的言行举止，并以无比的自信挥动你的球拍。最重要的是，你的脸上必须没有任何自我怀疑，你得看起来像你正在把每个球都打到自己想要的地方。真正地融入那个角色，随心所欲地发力击球，忽略球的实际去向。"

当一个球员成功地忘记了自己，并真正进入了他所承接的角色时，他的水平发挥往往会出现明显的变化。如果你不介意双关语，你甚至可以说这种变化是戏剧性的（dramatic）。只要他能够保持在这个角色中，他就会体验到自己都不知道自己拥有的那些品质。

这种角色扮演和通常所说的正向思维之间有一个重要区别。在后者中，你在告诉自己，你和斯蒂芬妮·格拉夫（Stefanie Graf）或张德培 [⊖] 一样优秀。在前者中，你并不试图说服自己要比你认为的自己更优秀。你刻意地在扮演一个角色，但在这个过程中，你可能会越发觉察到自己的真正实力。

在打了一年左右的网球后，大多数人都会陷入一种特定

⊖ 斯蒂芬妮·格拉夫，德国退役女子职业网球运动员，被公认的女子网球史上最伟大的网球运动员之一；张德培，退役美籍华裔男子网球职业运动员，至今仍是网球史上最年轻的大满贯男单冠军和唯一的亚裔大满贯男单冠军。——译者注

的打球模式，并且很少偏离该模式。有些人采取防守风格，他们不遗余力地追回每一个球，时常吊高球，把球打到对手的球场深处，很少发力击球或者追求主动得分。防守型球员等待对手犯错，并以无尽的耐心逐步消磨对手。一些意大利红土场球员曾经是这种风格的原型。

与此相反的是进攻型风格。它的极端形式表现为每一个击球都在追求主动得分。每个发球都以直接得分为目标，每个接发球都要是对方无法拦截的穿越球，而网前截击和过顶球的目标都是落在离底线一两英寸的范围之内。

还有一种常见的模式是也许可以被称为"优雅"的打法。这种类型的球员并不太关心他们的球打到哪里，只要他们打球时看起来帅就行。他们更愿意被看到使用完美的动作而不是赢得比赛。

与此相反，有一种竞赛风格的球员会不惜一切代价来赢得比赛。他们跑动积极，根据什么最能困扰他的对手来决定击球时或发力或轻柔，抓住对方在精神上和身体上的每一个弱点来加以利用。

在向一组球员概述了这些基本风格后，我经常建议他们采用那个似乎与他们惯常风格反差最大的风格来做个实验。

我还建议他们无论他们选择什么风格，都去扮演一个高水平球员的角色。这种角色扮演游戏不仅很有趣，还可以很大程度地拓展球员的舒适区。防守型球员了解到他也可以打出制胜分，进攻型球员则发现他也可以很优雅。我发现当球员打破他们的惯用模式时，可以显著地扩展自己风格的极限，并探索他们个性中被压抑的方面。当你更容易接触到自我 2 所具备的各种品质时，你也开始意识到你其实可以在球场内外的特定情况下调用出这些品质中的任何一种。

放下评判、创造图像的技艺和"允许其自然发生"是内在游戏中所涉及的三项基本技能。在介绍第四项也是最重要的内在技能——集中注意力之前，我将用一章的内容来探讨外在技术，以及如何在不诉诸那些我们已经看到过的、破坏自我 2 自然能力的评判性思维和过度控制的方式下，去掌握任何技术。

The Inner
Game of
Tennis

放下评判、创造图像的技
艺和"允许其自然发生"
是内在游戏中所涉及的三
项基本技能。

自然学习过程是每个人与生俱来的。教学过程中
植入的恐惧和怀疑越少，迈出自然学习的脚步就
越容易。

The Inner
Game of
Tennis

第 5 章

发现技术

　　前面几章强调了通过放下心理自我指令让思绪平静下来，集中注意力，并且信任身体去发挥其所能的重要性。这些章节的目的是为以更自然和有效的方式来学习技术奠定基础。在介绍各种网球技术动作的具体技巧之前，我想就技术指令和自我 2 的学习过程之间的关系做一些整体性的评论。

　　在我看来，合乎情理的是将任何一种指导体系建立在对自然学习的最佳理解的基础之上，因为自然学习过程是每个人与生俱来的。指令对内嵌于你基因中的学习过程的干扰越少，你的进步就会越有成效。换句话说，教学过程中植入的恐惧和怀疑越少，迈出自然学习的脚步就越容易。获得对自然学习的洞察力和信任的一个方法是观察幼儿在被教导之前的学习情况，或者观察动物教导它们幼崽的举措。

有一次，当我在圣迭戈动物园散步时，我有机会观察到一只母河马正在给它的孩子上课，看起来是第一堂游泳课。在游泳池的深处，一头河马漂浮在水面上，只露出鼻子。很快它就沉入水底，在那里似乎待了大约 20 秒，然后用它的后腿蹬起，再次浮出水面。然后我看到一头一直在岸边的阳光下照顾着它的孩子的母河马，站起来开始用它的鼻子把孩子推向池塘。当小河马掉进水里时，它像石头一样沉入水底，并停留在那里。母亲随意地走到池塘的浅水区，涉水而入。大约 20 秒后，它走到小河马身边，开始用鼻子向上拱，把小河马送上水面。在那里，这个年轻的学生喘了一口气，然后再次下沉。母亲又一次重复了这个过程，但这次它移到了池子的更深处，不知何故，它就是知道自己在学习过程中的作用已经结束了。小河马在水面上吸了一口气，再次沉入水底，但一段时间后，它用自己的后腿把自己推向水面。然后，这个新的技能被一次又一次地重复着。

看上去妈妈清楚地知道有多少是需要"示范"的，什么时候去鼓励，什么时候不再需要鼓励。它知道，一旦孩子身上的本能被"启动"，它就可以在很大程度上相信它。虽然我不会说上旋反手球已经印在你的基因结构中，但我想说，自然学习的过程就是这样内嵌在我们的身体里的，我们最好承认并尊重它。无论是作为老师还是学生，只有在我们能与之和谐相处的情况下，我们才最能做自己，并百战百胜。

技术指令源于哪里

网球是在 19 世纪末从欧洲传到美国的。当时没有专业的网球教师来教授技术，网球球员替代教师的角色，在挥拍中体会到某些感觉并试图将这些感觉传达给其他人。在尝试理解如何使用技术知识或理论时，我认为最重要的是要认识到，从根本上而言是先有体验再有技术知识的。我们可能在举起球拍之前就读过介绍技术指令的书籍或文章，但这些指令从何而来？在某种程度上，它们不是源于某人的体验吗？无论是偶然还是有意，有人以某种方式击球，感觉很好，而且有效，通过实验并不断完善，最终形成了一种可重复的击球动作。

也许是为了能够复制这种击球方式或将其传授给他人，这个人试图用语言描述这种击球方式，但文字只能代表行动、想法和经验。语言不是动作，充其量只能描述出动作中所包含的各种细微和复杂性的一些皮毛。虽然这样构思出来的指令现在可以被储存在大脑中记忆语言的那部分，但必须承认，记住指令与记住击球动作本身是不同的。

当然，我们很容易认为给自己正确的指令——例如"从低向高击球"——我们就能一次又一次地打出很好的上旋反手球。我们情愿相信自我 1 的学习技术的概念化过程，而不是去相信自我 2 通过体验的学习过程。我们认为是对指令的遵从制造了好球，从而忽视了自我 2 的作用，然而随后当我们发出同样的指令却没有出现同样的好球时，我们就会感到失望。因为我们认定指令是正确的，所以我们得出的结论是，没有遵从指令导致了失误。接着我们可能会对自己生气，对自己的能力说三道四，说自己愚蠢，或者用各种不同的方法来埋怨自己。

不过，也许错的地方是没有去充分信任自我 2，而过于依赖自我 1 的控制。就好像我们更愿意把自己当成一台听话的计算机器，而不是一个人。因此，我们很容易失去对肌肉记忆的直接联结，而肌肉记忆承载着对所需动作的更完整的知识。在一个彻底倾向于用语言来表达真相的社会中，我们很有可能和自己的感受能力失去联结，进而失去"记住"击球动作本身的能力。我相信这种记忆是一种信任自我 2 的根本行为，没有这种信任，任何技能都无法维持卓越。

当口头指令被传递给另一个人，而这个人的经验库中却没有记录过所描述的动作的时候，这个指令就与经验完全脱节地停留在了内心。如此，理论记忆和行动记忆之间出现分裂的可能性就更大了。（我想起了 T. S. 艾略特的《空心人》中的句子："在想法和现实之间 / 在轨迹和行为之间 / 落下了阴影。"）

当我们开始使用指令对我们的击球动作进行评判，而不是关注从体验中得到的学习时，体验和指令之间的差距就进一步扩大了。以"应该"或"不应该"的概念出现的指令，在自我 2 的直觉认识和行动之间设置了恐惧的阴影。很多时候，我看到学生们打出了非常好的球，却在抱怨，因为他们认为自己做错了什么。当他们把自己的动作调整到与自己概念中的"正确"方式一致时，击球就已经失去了力量、稳定性以及自然性。

简而言之，如果我们让自己失去了感受自身行为的能力，过度依赖指令，就会严重阻碍我们运用自然学习过程和发挥潜力的能力。相反，如果我们依靠自我 2 的本能来击球，我们就会强化能够达成最佳击球效果的神经通路。

虽然到目前为止这个讨论主要还是停留在理论层面，但美国网球协会运动科学部以及几乎所有人的经验都证实，太多的口头指令，无论是来自外在还是内在，都会干扰一个人

The Inner
Game of
Tennis

如果我们让自己失去了感受
自身行为的能力，过度依赖
指令，就会严重阻碍我们运
用自然学习过程和发挥潜力
的能力。

的控球能力。还有一个普遍的经验是，一个口头指令给十个不同的人，就会产生十个不同的理解。太过努力去执行没有被透彻理解的指令，哪怕只是一个，都会给击球动作带来笨拙感或僵硬感，从而抑制了卓越发挥。

在前几章中，我提出了一个观点：大量的技术可以通过在打球时密切关注自己的身体、球拍和球而自然学会。一个人对任一动作的觉察越强，从体验中得到的反馈就越多，就越能自然地学到对任何特定球员在任何特定水平状态下感受最好、效果最好的技术。一句话：从体验中学习是无可替代的。然而，尽管我们都有自然学习的能力，我们许多人却已经忘记了，而且许多人已经与感觉失去了联结。我们可能需要再次学习如何感受，再次学习如何学习。一位古代大师的说法在这里是很贴切的："没有比自己的经验更伟大的老师。"

如何最好地利用技术指令

因此，剩下的问题是，来自一个人的更高水平的经验如何能够帮助到另一个人。简短的回答是，如果它能引导我自己对某个特定的潜在击球动作模式进行体验式的探索，那么这些从体验中推演出来的指令就是对我有帮助的。从学生的

The Inner
Game of
Tennis

从体验中学习是无可替代的。

视角来看，问题变成了：如何在不落入自我 1 评判、怀疑和恐惧的陷阱的情况下，听取并使用这些技术指令。对于教师或教练来说，问题是如何以这种对学生的自然学习过程产生帮助而不是干扰的方式给予指导。我相信，对这些问题的更深的洞见，将适用于许多不同领域的技能学习。

让我们从许多网球教练给出的一个非常简单而又常见的指令开始："反手击球时要绷紧手腕"。我猜测这个指令源于某人反手击球时，仔细观察对比手腕绷紧、松动或摇晃时造成的击球稳定性和力量后，得出的结论。尽管这个指令乍一听上去很有道理，但在把它浇铸成青铜教条之前，让我们先分析一下它。反手击球时，如果手腕太松，会不会失去控制力？当然会。但用过于僵硬的手腕来打反手是否也会失去控制力呢？是的，当然也会。因此，尽管这个指令看起来很有帮助，但你不能仅仅通过"遵从"它来获得成功。相反，你要用这个指令来引导你去发现你手腕的最佳松紧程度。当然，这可以通过留意你在击球时手腕的感觉来完成，不一定非要用语言来表达。用过于松弛的手腕打几个球，再用可能是过于僵硬的手腕打几个球，你会自动找到对你来说最舒适、最有效的方法，并形成自己的方式。显然，你所发现的、对你有效的特定手腕松紧程度很难用明确的语言来表达，它是通过感觉来被记住的。

这是一个与遵从指令非常不一样的过程。如果我教条式地相信"绷紧手腕"的指令，而事实上我的手腕一直都太松了，那么我第一次打球时，用更绷紧的手腕可能会让我觉得更好。接下来我可能会对自己说："绷紧我的手腕是好的。"因此，在随后的击球中，我记得告诉自己要绷紧手腕。但在这些击球中，我的手腕已经很硬了，所以现在它太紧张了。很快，这种紧绷感就沿着我的手臂一直蔓延到我的脖子、脸颊和嘴唇。但我是在遵从我的指令，那么是哪里出了问题？很快，有人告诉我要放松。但我怎样才能放松到合适的程度呢？我又向另一个方向走去，直到我又过于松弛。

因此，我认为技术知识的最佳用途是传达一种指向理想的目的地的提示。这种提示可以是口头上的，也可以是行动上的，但最好是把它看成理想目标的一种约数。而理想目标则是通过关注每一个动作，朝着适合个人的方向摸索前行而探寻出来的结果。如果我想发出指令"从低到高打出上旋球"，为了避免自我 1 的过度控制，我可能首先用学生的球拍和手臂示范这些话的意思。然后我可能会说："但不要尝试去做，只是注意你的球拍是由高到低、与球平齐，还是由低到高。"在由低到高打了几个球后，我可能会要求学生更细微地留意连续多个击球的由低到高的程度。通过这种方式，学生可以体验到由低到高的程度与球的上旋转速之间的关系，并能够探索一系列的可能性，发现什么是最适合自己的感觉和效果，而不会受到必须遵从某个特定正确做法的理念的束缚。

如果你让一群教练写下正手击球的所有重要元素，他们中的大多数都能轻易地识别出至少 50 个要素，而且他们可能对每个要素都能分出几个类别。想象一下，对于网球运动员来说，处理这种复杂性是多么困难，难怪自我怀疑如此容易出现！另外，理解击球动作，记住它的感觉，就像记住一幅画一样。内心是能够做到这一点的，并且，当一张图片中的某个元素与另一张图片略有不同时，内心也可以识别出来。用觉察来"发现技术"的另一个好处是，它不容易唤起自我 1 中的过度控制和评判的一面，即希望依赖于公式而不是感觉来打球。

本章的其余部分将提供一些技术指令，你可以用它们来帮助你发现网球中每一个主要击球动作的有效技术。这不是为了给出你最终可能需要的所有指令，而是为了给出足够的样本，使你能更好地理解如何使用来自任何来源的任何技术指令，使它们成为你发现自身最佳动作的有效手段。

在开始之前，让我简化一下网球运动的外在要求。球员取得成功只需满足两个要求：把每个球打过网和打进球

The Inner
Game of
Tennis

理解击球动作，记住它的感
觉，就像记住一幅画一样。

场。击球技术的唯一目的是以足够的速度和准确性来满足这两个要求，以求给对手带来最大的困难。凡事从简，让我们看一下正手和反手击球过网和打进球场的一些动态特征。我们将看到的一件事是，多年来官方认可的技术已经发生了很大的变化。那些原来如铁律般正确的事情已经不再是那么正确了。

击打落地球

握拍

如果你问十个网球运动员，为什么他们在打正手时用一种握拍方式，而在打反手时用另一种握拍方式，大多数人可能会回答说他们在书上或杂志上看到过，或者是由教练教的。尽管他们被告知的可能是"正确的"，但如果他们对握拍方式或者是为什么要改变它们没有体验上的认知，那么他们就不太可能真正发现最适合他们的最佳握拍方式。

关于握拍有着大量现成的信息。球员们已经了解到的需要更换握拍方式的一个原因是为了在每次击球时让球拍和手掌之间有着最牢固的黏合。但由于每只手掌都略有不同，握拍的确切位置应该根据你手掌的舒适程度来调整，同时，你也被允许找出理想的支撑力度和迎击球时的球拍角度。

你应该用多强的力量去握住球拍也遵从同样的道理。试着用语言来描述一下吧！我这里能做到最好的就是借用一个在电影《西哈诺·德·贝热拉克》中给予主人公 ⊖ 的击剑技术指令："握住花剑就像握住一只鸟，不要太松，以免它飞走，但也不要太紧，以免你把它的生命挤掉。"这是一个不错的比喻。但在现实中，找到正确的握拍力量程度的唯一方法是在行动中体验它，去发现什么感觉舒适，什么是有效的。

如果你在过去几年中一直关注"被官方批准"的握拍方法的演变，你会注意到被普遍认可的东方式正手握法（"握手式"的握法，拇指和食指在拍柄的右上斜楞形成 V 字形）的主导地位。尽管这仍然是美国网球协会出版物中认可的握法，但许多竞赛球员已经放弃了这种握法，转而采用"半西方式握法"（对右手球员而言，在东方式正手握法的基础上握拍位置向右转四分之一圈）。这些球员是如何开始采用这种握法的？他们又为什么坚持使用呢？会不会是他们"发现"了它，并且他们的使用体验持续验证了它的效果？这些

⊖　西哈诺·德·贝热拉克（Cyrano de Bergerac），人称大鼻子情圣，是历史上真实存在的人物，也是以他的名字命名的带有喜剧色彩的法国爱情悲剧电影的主角。——译者注

球员打破了教条，并不是因为教条是错的，而是因为他们找到了对自己更有效的方式。

步法

步法显然是网球运动中做出任何成功击球的关键变量之一，它提供了在挥拍击球时支撑身体移动的基础。关于这个话题已经有了很多的叙述，在"遵从"各种五花八门的步法指令的过程中，双脚实在是很容易纠缠在一起或感到别扭。这里我们将另辟蹊径。

在过去的几十年里，专业教练最常教授的反手击球的步法技巧一直没有发生什么特别的改变。右手球员通常被指导去"在双脚舒适地分开的基础上，击球时让你的脚以大约45度角迎球向前移动"。其他惯常的解读包括，"如果双脚靠得太近，人往往容易失去平衡"，以及"当你移动去击球时，你的重心应该从后脚转移到前脚"。

假设这两个指令可以成为学习步法技巧的有用指南，那么如何才能最好地使用它们呢？首先，要抵制立即遵从它们的诱惑。第一步是仔细观察你自己的步法，尤其是它与指令中的某个变量的关联程度，比如说，重心转移。在不对你的重心转移做任何刻意调整的情况下，只需观察现在的转移是如何发生的。随着你的持续观察你会发现，如果真的需要改变的话，你的重心还真有可能自动地开始做出一些调整。你可以让自我 2 进行实验，直到它找到对你来说感觉最好、最有效的方法。

同样的方法也可以用于发现适当的角度。知道了 45 度可能是什么样子，你就可以只是去观察你的前脚朝着来球方向前进的角度。如果在最初的观察中，你观察到你前脚的移动明显小于或者大于所预期的角度，不要强行改变它。只要让自我 2 大致做出所预期的角度，直到它感到舒适为止。你提出请求，它来负责执行。自我 2 有时可能会发现，对它来说最有效的方法其实并不符合指令要求。请做好准备去接受这一事实，因为正手击球的步法很可能就属于这样的情况。

与反手击球相反，在过去的几十年里，被人们接受为正确的正手击球步法已经发生了很大的变化。20 世纪 70 年代时，人们普遍认为正手击球步法应该与反手接近，只是另一只脚以大约 45 度角向来球方向移动。毫无疑问这就是我在小时候第一次学球时被教导的方式。事实上，当我学球时，"正确的"步法是被画在黑色橡胶垫上的。为了学习规定的正手击球的步法，我被训练着把我的脚一遍又一遍地踩到印好的脚印里，直到我能够不用看就做到为止。然后，当我上课的时候，如果不能准确地再现这种步法，教练就会给予纠正性的指令。

然而，后来出现了两种被普遍认可和推荐的替代性步法。一种被称为"开放式站位"，是由红土场球员发现和推广的，他们在击球开始时将重心压在右脚（或后脚），而不是将重心转移到前脚。他们击球时不是让左脚向前踏出迎球，而是水平移动，与底线平行，右脚采取几乎与左脚构成180度角的姿态。他们会转动肩膀，旋转臀部，像瓶塞钻那样旋转来击球。开放式站位很容易被观察到，但不容易被精确地描述，这种方式在红土场上被证明是非常有效的，并最终被许多在硬地球场或草地上比赛的职业球员所采用。它的优点是更容易打出上旋球，对比用左脚作为支点来击球，球员可以更快地回到球场中心位置。这种演变对我来说特别有意思，因为我记得在开放式站位还没有被"批准"前，我曾无数次因为用这种方式打正手球而被责骂。

在学习这种开放式站位正手击球步法以及与之相关的其他动作元素时，如果你必须把它分解成多个组成部分，通过指令来分别学习，然后把它们组合在一起，那么这将成为一项极其艰巨的任务。然而，如果你观察一个已经做得很好的人，让自己进行一些试探性的尝试，然后再把注意力放在动作的细节上，学习起来可能就不那么困难了。在这个实验中，重要的是完全不去评判，甚至不去关心你所获得的结果，直到你对整个动作有了感觉。直到那时，你才会把注意力集中在具体细节上，让它们自己完善起来。当你觉得准备好了，你也许可以选择把注意力集中在你的臀部旋转的程度上，观察你的肩部转动、你手臂的动作，等等。你可以依次观察这些要素，就像你在反手击球时观察你双脚之间的重量分布一样，不去刻意尝试让它们符合某种模式，而是让你自己去发现对你的身体和个性来说很舒服的感觉，并制造出有效的结果。

如果你学会了开放式站位，也并不意味着你必须在每一次击球时都使用它，或者甚至它就是打正手球的正确方法。另一种被普遍接纳的正手击球步法，称为"半开放站位"，是通过在你的双脚和底线之间形成90度～100度的角度来完成的。显然，这是传统步法和开放式站位正手击球步法之间的折中方案，并享有这两种步法各自的一些优点。如果你愿意，你可以掌握所有三种正手击球步法，并在合适的时机使用其中任何一种。重要的是，选择权在你手中，与其尝试将自己或自己的击球方式融入一个先入为主的模式中，你要让这些模式来适应你，并只用它们来帮助你发现和培养你所期望的技能。不这么做就会削弱你作为一个球员和一个学习者的潜力。

当你理解了无论有没有技术指令的帮助，通过集中注意力来学习运动中的任何技术要素是如此简单以后，你就会意识到找到那些需要集中注意力的重要地方，然后使用同样简单的过程去从经验中探索和学习技巧也是一件相当容易的事情。下面总结了击打落地球的几个关键聚焦点。你也可以从任何网球杂志或书籍中获取任何指令，并添加到本清单中来。

🌀 部分击打落地球的检查清单

1. **后摆拉拍**　在你拉拍结束时，你的球拍具体在什么位置？当你开始拉拍时，球在什么位置？在拉拍过程中，拍面发生了什么？

2. **击球瞬间**　你能感觉到球在撞击时与球拍相遇的位置吗？你的身体重心是如何分布的？撞击时拍面的角度是多少？你能感觉到球在拍面上停留了多长时间？你能在多大程度上感觉到球的旋转的类型和速率？击球的感觉有多扎实，或者在击球时有多少振动传递到了你的手臂上？撞击的瞬间球在你身前或身后的距离是多少？

3. **击球后的顺势随球**　你的球拍在什么位置停止？在什么方向？击球后拍面发生了什么变化？在顺势随球过程中是否感受到了任何犹豫或阻力？

4. **步法**　在准备和击球时，你的身体重心是如何分配的？在击球过程中，你的平衡发生了什么变化？你用了多少步才到达球的位置？步子有多大？当你移动时，你的脚在球场上会发出什么样的声音？当球接近你时，你是退后、迎前还是在原地等候？你在击球时身体的重心有多么稳固？

发球

与网球的其他击球动作相比，发球是最复杂的。两只手臂都参与挥击，你的击球臂同时引发了肩部、肘部和手腕的动作。发球动作对于自我 1 来说太复杂了，根本无法通过记住每个动作元素的指令来掌握。但是，如果你让自我 2 来学习，把注意力集中在动作的不同元素和整体动作上，就不会那么困难。

发球中可以去集中注意力的一些地方

一般来说，将注意力集中在一些特定的地方对练习发球有帮助。记住，根本目标仍然不变，那就是有力、准确和持续稳定地将球击打过球网和落入发球区。下面是一些可以考虑的变量。

- **抛球**
  - 抛得多高?
  - 在与你的球拍接触之前,如果有的话,球下降了多少?
  - 相对于你的前脚脚尖而言,抛出的球是在前还是在后,在左还是在右?幅度是多少?

- **平衡性**
  - 在发球过程中,你有没有感到失去平衡的时候?
  - 你击球后的惯性朝着哪个方向?
  - 在发球过程中,你的重心是如何分布的?

- **节奏**
  - 观察你发球的节奏。通过说"哒……哒……哒……"来数出你感觉到的节奏的快慢。在你开始发球的时刻说出一个"哒",把球拍向上举起来时说一个,在触球的刹那再说一个。感受并聆听节奏,直到找到最适合你的感觉和效果。

- **球拍位置和扣动手腕**
  - 在开始朝着球挥出的前一刻，你的球拍在哪里？
  - 你的球拍是从球的右边还是左边靠近球的？是垂直平打，还是从左到右？程度是多少？
  - 你的手腕在击球时有多大程度的扣动？
  - 在击球过程中，手腕在哪个时点开始释放？

力量

由于发球时的力量被看得如此重要，因此球员"过度努力"地去发球并不罕见，这导致了手腕和手臂的肌肉在发球过程中过度紧张。具有讽刺意义的是，这些肌肉的过度紧张对力量有着相反的影响。它使手腕和肘部更难自由地释放，导致力量反而被削弱了。因此，重点是去留意你的肌肉的紧张程度，这样你就可以从体验上找到能达到最佳效果的紧张程度。

你的网球教练可以帮助你指出你的特定发球类型在目前水平下的最佳关注点。只要你把他的指导当作一个探索自己体验的机会，你就肯定能够通过一种自然和有效的方式来收获经验教训和进步。

除了我们都必须作为独立个体来学习这一事实以外，同样显而易见的是，这世上也并不存在一种适合所有人的最佳发球方式。如果有的话，为什么今天网球界这么多最好的发球手的发球方式如此不同？每个人都可能从别人那里学到了一些东西，但随着时间的推移，他们每个人都演化出适合自己身体、技术水平、个性特征的发球方式——简而言之，属于他们自己的方式。而他们的这个过程仍在不断演化当中。在探寻属于自己的发球方式的过程中，无论球员们将多少功劳归功于不同的球员或教练的帮助，他们技术的主要提升和定型仍然是通过这个找到什么感觉好、什么适合每个人的简单过程，由自己的内在来主导的。

就像网球运动中的许多其他动作一样，正统的发球方法正受到那些不断突破固有模式的职业球员们的挑战。当我小时候学习发球时，我的教练约翰·加德纳（John Gardiner）是该领域最好的教练之一，他教授的是当时公认的方法。为了让手臂按照正确的方向和节奏移动，我们念着短句："一起下，一起上，打。"这意味着抛球和击球的手臂都要同时放下。然后，当抛球的手臂被举起来抛球时，击球的手臂也被举起来，并向身后落下，为击球的那一刻做好准备——就像美式橄榄球四分卫在准备向前传球时向后弯曲的手臂。然后根据球被抛得多高，击球的手臂会向前涌动来击球，使其在触球时完全伸展，然后双脚顺势跟随。这是有几十年历史的经典网球技艺。

然后就在我写这一节关于发球的内容时，我在当月的《网球》（*Tennis*）杂志上读到一篇文章，指出当下比赛中最好的发球手，包括施特菲·格拉芙、托德·马丁、皮特·桑普拉斯、马克·菲利普斯和戈兰·伊万尼塞维奇，事实上并没有遵循这种"齐下－齐上"的动作。因此，从发球的"正确方式"的角度来看，所有这些伟大的球员都做"错了"。

这篇文章的题目是《交错手臂式发球》（*Stagger Your Arms for Serving*），作者建议，当抛球的手臂完全伸展抛球的时刻，击球的手臂仍应向下指向地面。为了学习像这些职业球员那样发球，球员被给予以下的指令："当抛球臂上升时，击球臂向身体后下方落下。"然后作者是这样解释的：

> 老式的"双臂齐上"技术，虽然看起来更有节奏感，但实际上对一些球员来说不利于创造力量，因为它迫使击球臂在向上举拍的顶点停顿，破坏了到那一刻为止的动能积累。

这些职业球员发球的图像让人明显感觉到他们的做法非常不同。文章继续给出指令：

> 最重要的是，注意这些球员的击球臂是如何处于"掌心向下"的状态中的，也就是说，在球被抛出的那一刻，击球手的掌心朝向地面……这是实现

一个好的发球的"套索效应"所必需的，在这个过程中，球拍被迅速举过头顶，从背后绕下，然后猛地抬起来击球。

我引用这个指令有两个原因：第一，为了表明"铁律"变了，而且是由那些有勇气在现有教义的界限之外进行试验，并相信自己的学习过程的人改变的；第二个原因是为了指出旧有的做出改变的方式本身需要改变。当我读到上述所谓的交错手臂式发球的时间节奏的指令时，我的内心会被几个疑惑所困扰：我是否真的理解"套索效应"或"击球手的掌心朝向地面"等术语的含义？我心中出现的下一个疑问是，即使我真的理解了这些指令，我真的能做到遵从它们吗？接下来，我怀疑我是否能够摆脱我多年来勤奋练习的"旧模式"发球；最后，仅仅因为这种发球方式对那种级别的职业球员有效，就意味着它对我来说是最好的吗？

那么，面对这一篇事实上可能揭示了一种可行的新发球方式的文章时，你要如何从中受益呢？首先，你可能应该先弄清楚你希望尝试做出的改变的出发点是什么。现在一些顶级球员的发球方式发生了变化，又或者这样的发球方式正在变得流行，这些可能都不是充分的理由；其次，如果有办法让你增加发球的力量，你也许就会觉得那值得你努力去实验。第一步，知道你想要的结果是什么，这对于保持对学习过程的控制至关重要，因为你才是这个控制权的主人。

在阅读了一篇文章或观看了一些人用新方法发球后，不要急于下结论说这种新方法一定"适合"你。只是让你自己（自我2）去观察它认为有趣的东西，不要理会来自自我1的评论，因为它总想为你编造一些公式来让你遵从。在你观察的过程中，某些东西会"脱颖而出"，或自发地出现在你的视线里。允许自我2专注于那些在其智慧中可能已经准备好进行实验的元素。

如何观察职业球员

小时候我经常玩触身式橄榄球，我留意到，当我跟随父亲看完旧金山49人队的比赛刚回到家的时候，我会发挥得相当好。[⊖]我那时并没有专门研究过弗兰基·阿尔伯特[⊜]的传球技术，但我学到了一些东西，这给我的比赛发挥带来了变化。我想大多数人都有过非常相似的经历。

虽然很明显，我们可以通过观看更好的球员打网球学到

⊖ 触身式橄榄球（touch football）是美式橄榄球的变种，运动员以单手或双手触及对方持球人身体代替抱住和摔倒动作。旧金山49人队是以加利福尼亚州旧金山作为主场的职业美式橄榄球队。——译者注

⊜ 弗兰基·阿尔伯特（Frankie Albert）为当时49人队的主力四分卫。在美式橄榄球中，四分卫负责组织球队在场上的进攻。——译者注

很多东西，但我们必须学会如何观看。最好的方法是单纯地看，不要假设职业球员如何击球，你也就应该如何击球。在许多情况下，初学者要尝试像职业球员那样击球，就像要求婴儿在爬行之前就能走路一样。在观察职业球员的同时去定型技术，或者试图过度模仿，会对你的自然学习过程产生不利的影响。

相反，允许自己专注于所观察的职业球员的动作里让你最感兴趣的东西。自我 2 会自动收集对它有用的和抛弃无用的动作元素。每一次新的挥拍，观察它的感觉和效果。让自然的学习过程引导你走向属于你的最佳击球方式，不要强迫自己做出改变，只要让自我 2 在寻找新的动作可能性时"玩一玩"。在这样做的时候，它就会尽量利用在观察职业球员时得到的"提示"。

根据我个人的以及与我一起工作过的伙伴们的经验，自我 2 对什么时候该去打磨你动作的任何特定元素有着非常好的直觉。在学习如何通过观察职业球员进行学习的过程中，你也许会希望交替使用对外观察和场上实验这两种方式，直到你有信心能够运用你正在打磨的特定击球技术。

在内在游戏的方法论中，对外观察（或对外在指令的记忆）和对你自己的动作完全专注觉察两种方式尽管会交替进行，内在却始终保留着决定权。这个过程中你并没有必要进行评判。你会观察到你正在做的事情和外在模型之间的差异，但只是去注意到它们并继续观察，感受你自己的动作并检验结果。这里的主导学习心态是自由地寻找适合自己的感觉。

总而言之，我相信一个已经发现自己最佳动作的人可以帮助你发现你的最佳动作。一个人所发现的技术知识可以为另一个人发现最有效的技术的过程带来优势，但是，把那个人的击球动作或任何击球动作的描述变成你的对错标准是很危险的。自我 1 很容易沉迷于那些告诉它球拍应该在何时出现在何处的公式之中，它喜欢照本宣科所带来的控制感。但自我 2 喜欢流动的感觉——整个击球过程就是一个整体。内在游戏鼓励你和与生俱来的自我 2 的学习过程保持联结，同时避免过于努力地使你的击球符合某一个外在模型。在你的学习中使用外在模型，但不要让它们"使用"你。自然学习是并将永远是由内而外的，而不是反过来。你是一个学习者，你专属的、内在的学习过程最终支配着你的学习。

我喜欢这种方法的原因是，我没有那种在把自己或我的学生装进一个可能是当下流行的外在模型的感觉，我会去使用任何一个外在模型，帮助我向自己最好的击球动作自然进化。在一次网球内在游戏课后，一位高尔夫教练这样说：

The Inner
Game of
Tennis

自我 2 的本性就是一有机会
就会进化。随着你的技术的进
化，你将开始变得更善于学习
技术，并能在短时间内做出大
的改变。

"我所认为正确的击球技术是每天都在变化的。随着学到了越来越多的东西，我的模型总是在被摧毁和重建。我的技术总是在不断进化。"自身 2 的本性就是一有机会就会进化。随着你的技术的进化，你将开始变得更善于学习技术，并能在短时间内做出大的改变。当你发现自我 2 的学习能力时，不仅你的网球击球会得到改善，而且你会提高自己学习任何东西的能力。

以下是一个表格（见表 5-1），它可以让你了解如何将从自职业球员、网球杂志或书籍上获得的技术指令，改造为觉察指令，从而促进你发现自己的最佳技术。这些观察应该在尽可能多的击球过程中进行，直到自我 2 有机会进行试验并确定自己所偏好的击球方式。如果你有老师，让他来教，但要让自我 2 保持对学习的控制，因为它真的是你最宝贵的资源。

表5-1　将技术指令改造为觉察指令

击球动作	技术指令	觉察指令
击打落地球	在肩膀高度完成随拍动作	留意你随拍的高度，相对于肩膀高度而言
	提早向后拉拍	留意球落地时球拍的位置
	将重心压低到球的高度	在接下来的十个球中，感受膝盖弯曲的程度

（续）

击球动作	技术指令	觉察指令
击打落地球	向后拉拍时让球拍低于来球的高度，以制造上旋	留意击中球的时刻球拍相对于来球的高低程度。感受击中球的感受以及留意击球产生的上旋的程度
	用球拍正中击球	感受（不是用眼睛看）球拍击中球的位置
	准备击打落地球的时候踩实后脚	在你做好击打落地球准备的时刻，留意有多少百分比的身体重心是落在你的后脚上的
网前截击球	在身体前方击球	留意你击打球的位置
	将球截击送回尽量靠近底线的区域	留意你截击回球后球的落点，相对于底线而言
	不要拉拍，直接去前冲截击球	你向后拉拍的幅度是多少？最小的幅度可以是多少？向后拉拍多大幅度能打出最佳的前冲截击球
	尽可能在球落到网下之前截击球	留心来球和球网顶端之间的空间；留意高度的差异量
发球	手臂充分伸展的时候击球	留意在击球刹那你的手肘的弯曲程度
	在你的前脚前方约六英寸的位置，将球抛到伸展的手臂与球拍长度加起来的高度	观察你抛球的高度；让球落地，留意落地位置和你前脚的相对距离

绝大多数球员正是在改变习惯的过程中经历了最大的困难。当一个人学会了如何改变一个习惯时，找出应该改变哪些习惯就成了一个相对简单的事情。一旦你学会了如何学习，你就只需要去发现什么是值得学习的。

The Inner
Game of
Tennis

The Inner Game of Tennis

第 6 章

改变习惯

上一章可能已经给了你一些如何对自己的网球技术做出改变的灵感。本章的宗旨是总结那些内在游戏的方法，让这些改变得以实现，并使之成为你行为中自发的一部分。那些改进技巧的小窍门到处都是，它们有好有坏。但更难得到的则是如何将这些窍门进行实践应用的可行方法，以及如何用新的行为模式来取代旧的模式。绝大多数球员正是在改变习惯的过程中经历了最大的困难。当一个人学会了如何改变一个习惯时，找出应该改变哪些习惯就成了一个相对简单的事情。一旦你学会了如何学习，你就只需要去发现什么是值得学习的。

下面总结的是一种可以被称为"新"的学习方法。但实际上，它一点儿也不新。它是最古老、最自然的学习方式——仅仅是一种去忘掉我们所积累的不自然的学习方式的方法。为什么孩子很容易掌握一门外语？主要是因为他还没有学习如何干扰自己自然的、无师自通的学习过程。内在游戏的学习方式是向这种孩子般的方式回归。

我所说的"学习"一词并不是指信息的收集，而是指达成一些实际的行为改变——无论是外在行为（如网球击球动作），还是内在行为（如人的思维模式）。我们所有人都形成了特有的行为和思维模式，每一种模式的存在都是因为它具备某种功能。当我们意识到同样的功能可以用更好的方式来实现时，改变的时机就到了。这里让我们以正手击球后将球拍翻转的习惯为例。这种行为是为了防止球失控出界的一种尝试，它的存在是为了产生预期的结果。但是当球员意识到通过正确使用上旋球就可以将回球留在界内，而没有在随拍时翻转手腕所带来的失误的风险时，放弃这个旧习惯的时机就到了。

当一个习惯没有充分的替代物时，要打破它就更难了。在我们给自己的网球技术贴上道德的标签时，这样的困难就会经常存在。如果一个球员在书中读到翻转球拍是错误的，但没有读到有什么更好的方法让球留在界内时，他将需要极大的意志力，在担心球会飞出界外的同时，保持击球后拍面的平直。可以肯定的是，一旦这个球员进入真正的竞技比赛，他将回归到那个能够在一定程度上给他安全感的、不让球飞出界外的击球方式。

将我们现在的行为模式——这里指的是我们当下不完美的击球动作——谴责为"坏的"，是没有帮助的；有帮助的是看到这些习惯起到的积极作用是什么，这样如果我们学会了更好的方法来达到同样的目的，我们就可以这样做。我们从来不会去重复任何没有服务于某种功效和目标的行为。当埋怨自己有一个"坏"习惯时，我们就很难意识到任何行为模式的功效。但当我们不再试图压制或纠正这个习惯时，我们就能看到它所起到的作用，然后一个能更好地服务于同一目标的替代行为模式就会轻松地展现在我们的面前。

习惯养成的凹槽理论

在网球运动中，人们听到过很多关于凹槽理论——将击球动作养成习惯的讨论。这个理论很简单：每当你以某种方式挥动球拍时，你就会增加自己再次使用这种方式击球的可能性。这样一来，某种模式就会像反复雕刻出来的凹槽那样得以形成，并且具备不断自我重复的倾向。高尔夫球员也使用同样的术语。这就好像将神经系统当成一张黑胶唱片那样。每次执行一个动作，都会在大脑的微观细胞中产生一个轻微的印象，就像一片树叶飘过铺满细沙的沙滩时会留下微弱的痕迹一样。当重复同样的动作时，这个凹槽就会变得稍微深一些。经过许多类似的行动之后，凹槽变得更加清晰可见，行为的指针似乎就会自动落入其中。到了那时候就可以说这个行为已被刻成凹槽。

这些模式都是有实际作用的，这一行为得到了强化或回报，以后就会倾向于持续重复下去。神经系统中的凹槽越深，似乎就越难打破这个习惯。我们都有过决心不再以某种方式击球的经历。例如，一旦你理解了持续盯着来球的明显好处，保持这种状态似乎是一个很简单的事情。但我们却一次又一次地把目光从球身上移开。事实上经常发生的情况是，我们越是努力去打破一个习惯，就越难打破这个习惯。

如果你去观察一个球员试图纠正他的击球时翻转球拍的习惯，通常会看到他咬紧牙关，用尽所有的意志力来摆脱他的老毛病。观察他的球拍：在它击球后，它将遵循旧的模式开始翻转，然后他的肌肉会收紧，迫使它回到平直的位置。你可以在由此产生的摇摆中看到，究竟在哪里旧的习惯被新的意志力取代和接管了。通常情况下，这场战斗就算真的胜利了，这胜利也是在一段很长的时间内经过大量的挣扎和挫折之后才获得的。

从深邃的心理凹槽中挣扎出来是一个痛苦的过程，这就像把自己从战壕里挖出来一样。但是有一种自然的、更近似孩子般的方法。孩子不会将自己从旧的凹槽里挖出来，孩子只会开始刻画新的凹槽！这是很自然的！凹槽也许存在，但你并不在其中，除非你自己进去。如果你认为自己被一个坏习惯控制，那么你就会觉得必须努力去打破它。一个孩子不需要去打破自己爬行的习惯，因为他不认为自己有这个习惯。当他发现走路是一种更容易的移动方式时，他就放弃爬行了。

习惯是对过去的陈述，而过去已经过去了。在神经系统中可能有一条壕沟，如果你选择踏入其中，它就会把你的正手球带入手腕翻转的道路上。另外，你的肌肉从来都有能力将球拍在击球后保持平直。没有必要为了保持球拍的平直而收紧手臂上的所有肌肉。事实上，保持球拍平直所需的肌肉比翻转所需的肌肉要少。与旧习惯的假象做斗争才是导致努力认真的球员产生不必要的疲劳和肌肉紧张的原因。

简而言之，没有必要与旧习惯做斗争。要养成新的习惯。

The Inner
Game of
Tennis

没有必要与旧习惯做斗争。
要养成新的习惯。

正是对旧习惯的抵制使你陷入了困境。当像孩童那样无视想象中的困难时，开始一个新的模式是很容易的。你可以用自己的体验来证明这一点。

改变击球动作的具体步骤

以下是对我们一直被教导的传统学习方法以及内在游戏模式下的学习方法的一个简单总结和对比。用这种方法进行实验，你会发现一个可行的方法，可以让自己在技能上做出任何想要的改变。

第1步　不带评判地观察

你想从哪里开始？你的运动技能中哪部分需要提升？最适合改变的地方不一定总是你心目中自己击球动作中最糟糕之处。好的做法是挑选一个你最希望改变的击球动作，让那个击球动作自然而然地告诉你它是否希望被改变。当你希望做出改变的也准备好了被改变的时候，整个过程就会变得自然流畅。

例如，让我们假设你决定把注意力集中在你的发球上。第一步是忘掉你心里关于你的发球动作存在的不理想之处的一切主观想法。抹去你以前所有的想法，不做任何刻意控制地发球。观察你的发球，就像第一次这么做那样，看到它当下的状态。无论好坏，让它落入自己的凹槽里。开始对它感到好奇，尽可能充分地感受它。留意你在开始做动作前是如何站立和分配你的重心的。检查你的握拍姿势和你球拍的初始位置。记住，不要做任何修正，只需观察而不干涉。

接下来，去联结你发球动作的节奏。感受你的球拍在挥舞过程中经过的轨迹。然后发几个球，就只去观察你的手腕动作。你的手腕是柔软的还是紧绷的？它的甩腕幅度是完整的还是幅度会小一些？仅仅是观察。同时也观察你在几次发球过程中的抛球，感受你的抛球动作。球是否每次都到了同一个点？那个点在哪里？最后，觉察你的后续随拍动作。不久你就会感觉到对自己当下的发球习惯和模式有了很好的了解。你也可能意识到你的动作的结果，也就是发球落网的球的数量，那些到达底线深处的球的速度和准确性。觉察当下的存在，不去评判，是让人放松的，也是做出改变的最佳先决条件。

在这个观察期内，一些变化就已经开始在无意中发生了，这并非不可能。如果是这样，就让这个过程继续下去。做出无意识的改变没有任何不妥当之处。这样你就避免了主观上认为自己做出了改变，而将来还需要继续提醒自己如何去做的复杂情况。

在你观察和感受你的发球动作五分钟左右后，你可能对某个需要专注的特定动作元素有强烈的想法。去问一下你的发球：它自己希望有什么不同。也许它希望有更流畅的节奏，也许它希望有更大的力量，或者更多的旋转。如果 90% 的发球都落网，那么需要改变的地方可能就很明显了。无论是什么，让自己感受到最想要的改变，然后再观察几个发球。

第 2 步　想象所期望的结果

让我们假设，你期望的是更有力量的发球。下一步是去想象你打出更有力量的发球。做到这一步的一个方法可能是观察那些发球力量极大的球员的动作。不要过度分析，只需吸收你所看到的，并尝试感受他的感受。听听球拍击中球的声音，观察球发出去的结果。然后花一些时间想象用对你来说自然的方式进行强有力地击球。在你的脑海中，想象自己的发球，尽可能多地填入视觉和触觉上的细节。去聆听球被击打时的声音，去观察球冲着发球区高速飞去的轨迹。

第 3 步　相信自我 2

再次去发球，但不要刻意控制你的动作。特别是，要抵制任何试图更加用力去击球的诱惑。只是让你的发球自然发生。在已经向自我 2 发出了更多力量的请求以后，就让它自然发生。这不是魔法，是给你的身体一个探索各种可能性的机会。但无论结果如何，都要将自我 1 排除在外。如果更强的力量没有立即出现，也不要去强求。相信这个过程，并让它自然发生。

如果过了一会儿，发球似乎没有朝着力量增强的方向发展，你可能会想要回到第一步。问问自己是什么抑制了速度。如果你自己没有找到答案，你可以请一个网球教练从旁观察。比方说，教练观察到你在动作的最高点没有最大限度地扣动手腕。他可能会观察到，其中一个原因是你把球拍握得太紧了，从而失去了灵活性。握紧球拍和用僵硬的手腕击球的习惯通常来自刻意地试图用力击球。

体验一下用不同程度的松紧度握住球拍的感觉。让你的手腕向你展示以完整、灵活的弧线轨迹进行挥动的感觉。不要因为别人告诉你，你就认为自己知道，让你自己切身感受手腕的运动。如果你有任何疑问，请专业教练向你展示这个动作，而不是用语言向你讲解它。然后，在你的脑海中想象你的发球动作，这次你要清楚地看到你的手腕从完全外翻的位置开始移动，伸向天空，然后猛然扣下，直到它在击球随拍时指向对面球场。在你固化了新的手腕动作的图像后，再次发球。记住，如果你试图去扣动你的手腕，它可能会过度收紧，所以只是让它自然去做。让它保持灵活度，允许它在自己的意愿范围内以不断增加的弧度去扣动。鼓励它，但不要强迫它。不努力并不意味着放任自流。让你自己去发现这真正意味着什么。

第4步　不带评判地观察变化和结果

当你允许自己的发球自然发生时，你的工作只是观察。观察这个过程，而不去控制它。如果你感到自己想要帮忙，千万别。你越是能让自己信任正在自然发生的这个过程，你就越是不会陷入惯常的过于努力、评判和思考的干预模式，以及随之而来的那些不可避免的挫折感。

在这个过程中，对球的最终去向保持一种淡然处之的态度仍然是很重要的。当你允许击球动作的一个元素发生变化时，其他元素也会受到影响。当你增加你的手腕扣动程度时，你将改变你的击球的节奏和时机。起初，这可能会导致不稳定，但如果你继续这个过程，只是让发球自然发生，同时保持专注和耐心，发球动作的其他元素就会自然做出必要的调整。

由于击球力量不单纯是手腕造成的，在你的手腕扣动方式形成习惯以后，你也许希望让你的注意力转移到你的抛球、平衡或其他的一些元素上。观察这些，并允许变化发生。持续去发球，直到你有理由相信一个习惯的凹槽已经建立。为了测试凹槽是否存在，在发球时将你的注意力全部集中在球上，发几个球。当你把球抛向空中时，要全神贯注于球上的接缝，这样你就能确定你的内心没有去指挥你的身体该做什么。如果发球是以新的方式自己发出的，那么一个习惯凹槽就已经自动产生了。

🌀 常见的学习方法

第 1 步　批评或评判过去的行为

例子：今天我的正手又打得很烂……该死的，为什么我总是错过那些简单的准备动作？……我没有做教练在上一节课告诉我的任何事情。你之前落地球对拉时表现得很好，但现在你打得比你的奶奶还差……

（上述内容通常是以惩罚性的、贬低的语气说出来的。）

第 2 步　告诉自己要改变，用文字命令反复指导

例子：把你的球拍放低，把你的球拍放低，把你的球拍放低。在你的身前击球，身前，身前……不，该死的，再远

一点儿！不要翻手腕，固定住手腕……你这个蠢货，你又来了……这次把球扔得又好又高，然后向上伸展，记得扣动你的手腕，不要在发球中途改变握拍。把这个球打到斜对角去。

第3步　努力尝试，让自己做得正确

在这一步中，自我1在告知自我2该做什么后，会试图去控制动作。不必要的身体和面部肌肉都用上了。一种紧绷感会出现，阻止了最大限度的动作流畅性、精确性。自我2得不到信任。

第4步　对结果的消极评判导致了自我1的恶性循环

当一个人努力想把一个动作做得"对"时，很难不对失败感到沮丧或对成功感到忧虑。这两种情绪都会分散人们的注意力，并妨碍人们充分体验所发生的情况。对自己努力的结果进行消极的评价，往往会使人更进一步地过度努力，而积极的评价往往会使人在下一次击球时强迫自己遵循同一个模式。积极和消极的思考都会抑制个人即兴自由发挥的能力。

🎾　内在游戏的学习方式

第1步　不带评判地观察现有的行为

例子：我的最后三个反手击球落点过深了，大约有两英

尺左右。我的球拍似乎在犹豫不决，而不是完整地完成随拍动作。也许我应该观察一下我的向后拉拍的高度……它远远高于我的腰部……看这个，这一次击球更有速度，而它仍然把球打进了界内。

（以上内容是以一种好奇且淡然的语气说出来的。）

第 2 步　想象期望的结果

不使用任何指令。自我 2 被请求以预期的方式来完成某个动作，以达到渴望的效果。所期待的击球要素，通过使用视觉图像和动作感受，被展示给了自我 2。如果你希望球被打到斜对角，你只需想象球到目标的必要路径。不要试图纠正过去的错误。

第 3 步　让它发生！相信自我 2

在请求你的身体做某一动作后，让它自由发挥。没有内心的刻意控制，身体得到了信任。发球似乎是自己就发生了。努力是由自我 2 发起的，自我 1 并不参与其中。"让它发生"并不意味着放任自流，它意味着让自我 2 只使用完成任务所需的肌肉。没有什么是强迫的。继续这个过程。做到允许自我 2 在变化中做出改变，直到形成一个自然的习惯凹槽。

第 4 步　不评判、冷静地观察结果带来持续的观察和学习

虽然球员知道他的目标，但他在实现目标的过程中并不感情用事，因此能够冷静地观察结果和体验整个过程。这么做使得注意力得到了最高程度的集中，学习的速度也是最快的。只有当结果不符合所给的视觉形象时，才有必要做出新的改变，否则，只需要持续观察正在进行改变的行为。观察它发生改变，不要去"做"改变。

这个过程是一个简单得令人难以置信的过程。重点是去体验它。不要把它理性化。去体会请求自己做某件事，并在没有任何刻意尝试下让它自然发生是一种什么感觉。对绝大多数人来说，这是一种令人惊讶的体验，并且结果是不言而喻的。

这种学习方法可以应用于球场内外的绝大多数工作中。你在网球场上越是让自己不受控制地发挥，你就越会对人类身体这个美好的机体充满信心；你越信任它，它似乎就越有能力。

警惕自我 1 的回归

这里我应该提及一个隐患。我发现，学生们在为自己的网球水平用顺其自然的方式得到提升而感到兴奋之后，第二

The Inner
Game of
Tennis

你在球场上越是让自己不受
控制地发挥，你就越会对人
类身体这个美好的机体充满
信心；你越信任它，它似乎
就越有能力。

天往往又会回到像以往那样的努力方式。令人惊讶的是，尽管他们的网球因此打得差了很多，但他们似乎并不介意。起初，这让我很不理解。为什么明明结果这么不理想，人们还会让自我 1 回来去主导发挥呢？我一定要找到其中的答案。我发现这两种击球方法给人们带来的满足感有着明显的不同之处。当你努力想把球打对，而且结果让人满意的时候，你会得到某种自我满足。你感到事情在你的掌控之中，你是局势的主宰者。但当你只是允许发球自然发生的时候，看起来你似乎配不上那份认可。感觉上好像这球并不是你打出来的。你往往对自己身体的能力感觉良好，甚至可能对结果感到惊奇，但功劳和个人成就感被另一种满足感所取代。如果一个人在场上主要是为了满足自我执念的欲望和疑虑，那么尽管结果会更糟糕，他可能还是会选择让自我 1 发挥主导作用。

给予自我 2 认可

当一个球员体验到什么是"放手"和让自我 2 去打球时，不仅他的击球会趋于更加准确和有力，而且即使在快速移动中，他也会感到一种令人振奋的放松感。为了复制出这种的表现特质，球员经常会说诸如"现在我已经掌握了这个

超越评判、释放潜能的内在秘诀

运动的秘诀，我要做的就是放松自己"这些话，让自我 1 悄悄地回到当下。但当然，当我们试图放松自己的那一刹那，真正的放松就消失了，取而代之的是一种奇怪的现象，叫作"努力试图放松"。放松只有在被允许的情况下才会发生，而不是通过"试图"或"制造"出来的结果。

我们不应期待自我 1 一下就会放弃它所有的控制欲。只有当一个人在放松专注的技艺中不断进步时，自我 1 才会开始找到它的恰当角色。

The Inner
Game of
Tennis

放松只有在被允许的情况下
才会发生，而不是通过"试图"
或"制造"出来的结果。

即使读者完全相信让自我 1 安静下来的价值，也可能发现做到如此并不容易。我多年来的经验是，让内心安静下来的最好方法不是让它闭嘴，也不是和它争论，或者批评它对你的批评。与思想斗争是行不通的。最有效的做法是学会让内心专注。

The Inner
Game of
Tennis

第 7 章

学会专注

到目前为止我们一直在探讨让自我 1 放下控制和让自我 2 即兴发挥的技艺。我们着重通过举出实际例子来说明放下自我判断、过度思考以及过度努力（即所有形式的过度控制）的价值。但是，即使读者完全相信让自我 1 安静下来的价值，也可能发现做到如此并不容易。我多年来的经验是，让内心安静下来的最好方法不是让它闭嘴，也不是和它争论，或者批评它对你的批评。与思想斗争是行不通的。最有效的做法是学会让内心专注。学会专注是本章的主题，无论我们对这门基础的技艺学到了几分，它都能使我们在做任何事情时受益。

奇怪的是，即使一个人已经体验到静心的实际好处，我们仍然发现这是一种难以捕捉的状态。尽管在允许即兴发挥的自我 2 获得控制时，我的表现是最有效的，但我仍会有一种反复出现的冲动，去思考我是如何做到的，去形成一个定式，从而把这种表现带入到自我 1 的领域，让自我 1 感到自己在控制之中。有时，我认识到这种冲动是顽固的自我 1 想要得到认可，想成为那个本不是它的存在，由此在这个过程中催生出了无尽的干扰思想，扭曲了感知和反应。

在我探索内在游戏的早期，有一段时间，我发现自己在发球时几乎能够放下所有的刻意努力，结果是发球似乎以罕见的稳定性和力量自己完成。在大约两个星期的时间里，我 90% 的一发球都打进了界内，我没有发过一个双误。有一天，我的室友，另一位职业球员，向我挑战，要和我比试一下。我接受了挑战，半开玩笑地说："你最好小心点儿，我已经找到了发球的秘诀。"第二天，我们进行了比赛，我在第一个发球局中就出现了两个双误！就在我试图运用一些"秘诀"的时候，自我 1 又重新出现了，这次它隐藏在了"尝试放手"这个含蓄的幌子后面。自我 1 想向我的室友炫耀，它想将表现归功于自己。尽管我很快就意识到发生了什么，但之前那种即兴的、毫不费力的发球魔力在一段时间内并没有彻底回归。

The Inner
Game of
Tennis

当一个人实现了专注，内心
就会安静下来。当内心保持
在当下，它就会变得平静。

　　简而言之，放下自我1及其干扰行为并不容易。对这个问题的清晰理解会有帮助，实践演示会更有帮助，而真正最有帮助的是去实践练习放下的过程。然而，我不相信仅仅通过放下这一简单的被动过程，就能获得控制内心的能力。要想让心静下来，人们必须学会将它放置在某个地方。它不能只是被放下，它必须被聚焦。如果巅峰表现是静心所带来的结果，那么我们需要思考：在哪里以及如何集中注意力。

　　当一个人实现了专注，内心就会安静下来。当内心保持在当下，它就会变得平静。专注意味着将内心保持在此时此地。放松专注是一门至高的技艺，因为没有它，任何技艺都无法实现，而有了它，则可以实现很多。如果不学习它，一个人就无法在网球或任何努力方向上达到潜力的极限。更加值得重视的是，网球可以成为一种奇妙的媒介，通过它可以发展专注内心的技能。通过学习在打网球时集中注意力，人们可以学习到一种能够在生活其他方面提升表现的技能。

　　学习这门技艺需要练习。也许除了睡觉时以外，没有什么时间或情况下是你不能练习这门技艺的。在网球中，最方便和实用的关注对象是球本身。网球中最常被重复的口号可能是"看球"，但很少有球员能够很好地看到它。这条指令是提示球员简单地"留意"。这并不意味着要思考这个球，思考它有多容易或多难打，我应该如何击打它，或者如果我打中或打偏了，汤姆、迪克或哈里会怎么想。专注的内心只会关注那些完成手头任务所需的信息和情况。它不会被其他想法或外在事件干扰，而是完全沉浸在当下相关的事物中。

看球

　　看球的意思是将注意力集中在对球的视觉观感上。我发现，通过视觉加深注意力的最有效方法是把注意力集中在一些微妙的、不容易察觉的东西上。看到球很容易，但要注意它旋转时接缝线所形成的确切图像就不那么容易了。观察接缝的做法会产生有趣的结果，在很短的时间内，球手会发现他对球的观察比他仅仅去"看"它的时候要好得多。当寻找由接缝构成的图像时，人们会自然而然地持续观察，直到球到了球拍上的那一刻，并开始比以前更早地将注意力集中在球上。球应该从它离开对手的球拍到它打到你的球拍的时候都被观察到。（有时球甚至开始显得更大或移动得更慢。这些都是真正专注的自然结果。）

　　但是，更好地看到球只是专注于球的接缝的部分好处。

因为旋转的球所产生的图像是如此微妙，它往往会使人的内心更完全地沉浸其中。内心如此专注于观察图像，以至于忘记了去过度努力。当内心完全专注于接缝的时候，它往往就不会对身体的自然动作产生干扰。此外，接缝总是在当下，如果心思在接缝上，就不会游移到过去或者未来。这种练习将使网球运动员达到精神不断加深的集中状态。

大多数把观察接缝作为一门技艺来练习的球员，几乎都立即发现它很有帮助，但过了一段时间，他们往往又发现自己的内心在摇摆。内心很难长时间地聚焦在单一的物体上。让我们面对现实吧：尽管网球对一些人来说可能很有趣，但它不会轻易地抓住那颗不安分的内心，因为内心已经习惯于各种分心的事物。

弹 - 打

那么问题来了。如何在长时间内保持注意力？最好的方法是让自己对球感兴趣。你如何做到这一点？方法是不要认为你已经了解到了所有，不管你已经在生活中曾经看到过多少万颗球。"不假设你已经知道"是一个强大的专注原则。

关于球，你不知道的一件事是它到底什么时候会反弹，什么时候会打到你的球拍或对手的球拍。也许我发现的最简洁有效的集中注意力的手段是一个非常简单的做法，我称之为"弹－打"。

我给学生的指示非常简单："当你看到球落到球场上的瞬间，大声说出'弹'这个字，当球与球拍——无论谁的球拍——接触的瞬间，大声说出'打'这个字。"大声说出来让我和学生都有机会听到这些字是否与球落地弹起和被击中的事件同时发生。随着学生说出"弹－打－弹－打－弹－打－弹－"，这不仅能使他的眼睛在每个来回时都聚焦在球的四个非常关键的位置上，而且听到弹和打的节奏与韵律似乎能使注意力保持更长的时间。

这个练习达成了有效的专注，让球员从看球中得到更好的反馈，同时，帮助他清除了内心的杂念。在说出"弹－打"的同时，过度指导自己、过度努力或担心比分会变得更加困难。

我发现，当自我 1 一直忙于跟踪弹和打的时候，初学者就能够在 15 ～ 20 分钟的时间内学会有效的步法和初级水平的击球，并往往能够不假思索地在底线进行相当长时间的回合球对打。令人惊讶的是，我还发现许多高级球员在这个练习中遇到了更多的困难，因为他们内心有更多的他们认为是打出好球所必需的东西。当他们尝试放下控制性思维，只专注于弹和打的时候，他们通常会对在没有惯常的自我 1 思维过程干扰时，自我 2 表现得如此之好感到非常惊讶，有时甚至有点儿尴尬，因为他们曾认为这些思维过程对他们的运动表现贡献很大。

要保持对球的兴趣，最简单的方法之一是不要把它看成一个静止的物体，而是看成一个运动的物体。观察它的接缝有助于将你的注意力集中在物体本身，但同样重要的是提高你对每个球向你飞来时的轨迹的觉察，以及对在它离开你的球拍后的飞行轨迹的再次觉察。在抢分的时候，我最喜欢关注的是我和对手的每一个球的特定轨迹。我注意到球越过球网时的高度，它看上去的速度，并极其认真地留意球在落地弹起后上升的角度。我还观察在球拍触球前的瞬间，球是否在上升、下降或处于顶点。我对自己击出的球的轨迹也给予同样仔细的关注。很快，我就越来越意识到每一分内来回球的节奏，并能够提升我的预判能力。正是这种既能看到又能听到的节奏，让我的内心着迷，使我能够长时间地专注而不分心。

专注不是通过用力盯着什么东西来实现的。它不是试图强迫集中注意力，也不意味着对某件事情苦思冥想。当内心产生兴趣时，专注就会自然出现。当这种情况发生时，内心不可抗拒地被吸引到感兴趣的对象（或主题）上来。它是毫不费力和放松的，而不是紧张和被过度控制的。当观察网球时，允许自己自然落入专注的状态。如果你的眼睛眯起或紧张，你就在过度努力了；如果你发现自己因为失去专注而责备自己，你可能是过度控制了。让球吸引你的注意力，你的内心和你的肌肉都会保持适当的放松。

听球

球员很少想到去听球，但我发现这个专注点很有价值。当球击中你的球拍时，它会发出特定的声音，其品质差异很大，这取决于球与"甜蜜点"[○]的接近程度、拍面的角度、你的重心分布以及触球时的身体位置。如果你仔细听一个又一个球的声音，你很快就能分辨出许多不同种类和品质的声音。没多久你就可以辨别出正手上旋球被方方正地击中和正手下旋球的击球点稍稍偏离球拍中心所产生的声音。你将认识到平击反手的声音，并将其与拍面开放的反手区别开来。

○　球拍的"甜蜜点"或"甜点"指球拍的最佳击球区。这个区域在球拍的中心位置附近。使用球拍的此位置击球，准确率最高、稳定性最强，球拍反馈感舒适且强，击球威力最大。—— 译者注

The Inner
Game of
Tennis

当内心产生兴趣时，专注就
会自然出现。

有一天，我在发球时练习这种专注方式，我开始打出超乎寻常的高质量发球。在击球的瞬间，我可以听到尖锐的砰的一声，和以往惯常听到的声音不同。它听起来非常棒，而且球的速度和准确性都提高了。当我意识到我的发球有多好后，我抵制了找出原因的诱惑，只是要求我的身体做任何必要的事情来再现那个"砰"的声音。我把这个声音留在记忆中。令我惊讶的是，我的身体一次又一次地重新制造出了这个声音。

通过这一经历，我意识到记住某种特定声音，将其作为我们大脑内置的计算机的提示，是多么有效。当一个人听着他正手的声音时，他可以在记忆中记住扎实击球所产生的声音。作为结果，身体会倾向于复制产生这种声音的行为元素。这种技巧在学习不同种类的发球时特别有用。平击球、切削球和侧旋球的声音有明显的区别。同样，仔细聆听带着不同旋转量的球的声音，可以学会在二发时打出所需的旋转量。此外，对拉落地球时听球的声音可以改善打落地球的步法和球拍技术。当一个落地球在合适的时刻被方正击打时，这个行为会产生一种奇妙的令人难忘的声音。

一些球员发现球的声音比观察接缝更吸引人的注意力，因为这是他们以前从未做过的事情。实际上，没有理由不在每次击球的同时采用这两种集中注意力的方法，因为人们只需要在触球的瞬间倾听。

我发现，听球的练习最好在练习中使用。如果你在练习中对声音变得敏感，你能发现在比赛中你会自动使用声音来鼓励自己重复做到扎实的击球，这个习惯会增加扎实击球的数量。

感受

当我 12 岁的时候，我听到我的网球教练评价我的双打伙伴说："他真的知道他的拍头在什么位置。"我当时不知道他是什么意思，但我凭直觉感到了这句话的重要性，并且一直没有忘记它。很少有球员明白在握拍时集中注意力去感受球拍的重要性。球员在每次击球时必须知道两件事：球在哪里，他的球拍在哪里。如果他失去了与这两样东西的联结，他就有麻烦了。大多数球员已经学会了将视觉注意力放在球上，但许多人在大多数时候对拍头的位置只有一个模糊的概念。了解球拍位置的关键时刻是当它在你身后时，这需要通过感觉来集中注意力。

在正手击球时，你的手离你的球拍中心有一英尺多。这意味着，即使你的手腕角度有微小的变化，也会对球拍中心的位置产生很大的影响。同样，拍面角度的微小变化也会对球的轨迹产生实质性影响。事实上，如果拍面只偏离了四分之一英寸，那么当从本方底线打到对面底线时，球可能会出界六英尺多。因此，为了实现稳定性和准确性，你必须对感觉变得异常敏感。

对所有网球运动员来说，对自己的身体进行一些"敏感性训练"是很有用的。进行这种训练，最简单的方法是在练习时将注意力集中在你的身体上。理想情况下，应该有人向你喂球，或把球打给你，使它们每次都在大约相同的地方弹起。然后，在相对不太关注球的情况下，你可以感受用你的方式击球的感觉。你应该花一些时间仅仅感受你的球拍在拉拍时的确切轨迹。最大的注意力应该放在你的手臂和手在向前挥动迎击球之前的感觉上。同时，也要对拍柄在你手中的感觉变得敏感：你握紧球拍时用的力量有多大？

有许多方法可以提高人们对肌肉感觉的觉察。一种是以慢动作进行你的每一次击球。每一个动作都可以作为一个练习来进行，在这个过程中，所有的注意力都放在身体运动部分的感觉上。去了解你挥拍轨迹中每移动一英寸的过程的感觉，你身体的每一块肌肉的感觉。然后，当你把击球挥拍速度提高到正常水平并开始击球时，你可能会特别注意到某些肌肉。例如，当我打出最好的反手球时，我觉察到是我的肩部肌肉（而不是我的前臂）在拉动我的手臂。通过回想反手击球前这块肌肉的感觉，我就可以充分享受到它所产生的力量。同样，在正手击球时，当我的球拍在球的下方时，我特别觉察到我的肱三头肌。通过变得对这块肌肉的感觉敏感，我减少了拉拍准备时球拍位置过高的倾向性。

加强对节奏的觉察也是很有价值的。仅仅通过在练习中注意你每一次击球的节奏，你就可以大幅度提升你的力量和对时机的掌控。每个球员都有自己的自然节奏。如果你学会专注于节奏感，就不难自然落入对你来说最自然和有效的节奏。节奏永远不可能通过刻意追求而做到，你必须让它自然发生。但通过集中注意力而培养出的对节奏的敏感性是有帮助的。那些练习过集中精力感受球拍轨迹的人通常会发现，不用刻意努力，他们的击球动作就会开始变慢和简化。突然的抖动和花哨的小动作都会消失，稳定性和力量都会增强。

和提升对球的声音的觉察具备同等帮助作用的是练习集中注意力去感受球被击打时的感觉。你可以注意到，当球撞击球拍时，取决于接触的位置、你的重心分布和你拍面的角度，传递到你手上的震动感会有一些细微和较为明显的差别。同样，你可以通过尽可能精确地记住你的手、手腕和手臂在一次良好的扎实击球后的感觉来规划出最佳的击球效果。练习这种感觉会发展出所谓的"手感"，对做网前小球和后场高抛球特别有益。

简而言之，要对你的身体变得有所觉察。了解让你的身体移动到位和挥动球拍的感觉。记住：如果你在想你应该如何移动，你就几乎不可能很好地感受或看清任何东西。忘记应该，去感受就是了。在网球运动中，只有一两个元素需要在视觉上加以留意，但有许多东西需要感受。扩大对身体的感官认知将极大加快你发展技能的过程。

在前文中，我已经讨论了增强五官中的三种感官的感应能力，以及拓展通过它们接收到的觉察的方法。练习这些方法时，不要把它们当作网球的"该做"和"不该做"的清单，而是根据你自己的节奏一次去练一种。

据我所知，味觉和嗅觉对网球成绩并不重要。如果你愿意，你可以在网球比赛后的用餐时间练习它们。

专注的相关理论

上面提到的做法可以加快学习过程以打出你的最佳网

The Inner
Game of
Tennis

如果你在想你应该如何移动，
你就几乎不可能很好地感受
或看清任何东西。忘记应该，
去感受就是了。

球，但我们已经来到了一个不应该被过快忽略的重要节点。虽然集中注意力有助于你的网球水平，但同样地，网球也可以帮助你集中注意力。学习集中注意力是一项有着无限应用潜力的核心基础技能。对于那些对此有兴趣的人们，请允许我简单地阐述有关专注的一些理论内容。

我们在网球场上所经历的一切，都是通过觉察的方式——也就是通过我们内在的意识——而为我们所知的。正是意识使我们对构成我们所谓"体验"的景象、声音、感受和思想的觉察成为可能。不言而喻，人不能在意识之外体验到任何东西。意识使所有事物和事件都能被认识。没有意识，眼睛就看不到，耳朵就听不到，内心就无法思考。意识就像一个纯粹的光能，其力量是使事件可知，就像电灯使物体可见一样。意识可以被称为"光之光源"，因为正是通过它的光，所有其他的光才变得可见。

在人体中，意识之光能通过几个有限的器官——五官和内心——来发挥其认知作用。通过眼睛，它认识景象；通过耳朵，它认识声音；通过内心，它认识概念、事实和想法。所有曾经发生在我们身上的，所有我们曾经做过的，都是通过被称为意识的光能而被我们认知的。

现在你的意识通过你的眼睛和内心觉察到这句话中的文

字，但是其他事情也在你的注意力范围内发生。如果你停下来去仔细聆听你耳朵能听到的一切声音，你无疑能听到你以前没有觉察到的声音，哪怕它们是在你阅读时出现的。如果你现在仔细听这些声音，你会听得更清楚，也就是说，你将能够更好地认知它们。也许你之前没有觉察到你的舌头在嘴里的感觉，但很可能在阅读了上述文字后，你现在觉察到了。当你在阅览或倾听周围的景象和声音时，你并没有觉察到你舌头的感觉，但只要有最轻微的暗示，内心就会将注意力的焦点从一件事引导到另一件事。当注意力被允许集中在某处时，它就会认识那个地方。注意力是聚焦的意识，而意识就是那种认识的力量。

考虑以下这个比喻。如果意识像一盏电灯照在黑暗的森林里，凭借这盏灯，就有可能看到和了解一定半径内的森林。物体离光越近，它被照亮的程度就越大，可见的细节就越多，较远的物体就比较模糊了。但是，如果我们在这束光周围放一个反射器，使之成为一盏探照灯，那么所有的光都会照向一个方向。现在，在光的路径上的物体将被看得更加清晰，许多以前"迷失在黑暗中"的物体将变得可知。这就是注意力集中的力量。然而，如果探照灯的镜头很脏，或者玻璃上有气泡使光线发生衍射，或者如果光线是振荡的，那么光束就会被分散，一部分的焦点就会失去，清晰度也会随之下降。干扰就像光的透镜上的污垢，或者像光快速地晃动，导致光感实际上被削弱了。

意识之光可以集中在感官可至的外部物体上，也可以通过思想或感受集中在身体内部。而且注意力可以集中在一个宽的或窄的光束中：广泛的注意力集中是试图在同一时间看到尽可能多的森林；狭窄的集中是将注意力引向非常具体的东西，如树枝上某片叶子的脉络。

网球场的当下

回到网球场上。观察球的接缝是一种狭窄的注意力集中，可以有效地阻挡紧张和其他可能的不相关的注意力对象。感知你的身体感受是一种更广泛的注意力集中，它吸收了许多可能有助于学习网球的感觉。而感受风、对手的移动轨迹、球的轨迹和你身体的感觉是一种比之前更广泛的注意力集中，但也许与手头的任务仍颇为相关。它仍然是专注，因为它排除了所有不相关的东西，而照亮了所有相关的东西。关于专注，有一点可以说，它总是在当下，也就是在当下的时间和当下的空间。本章已经提出了几个"此地"作为专注的对象。球的接缝比单纯的球本身更准确地聚焦所觉察的空间，随着你对网球运动的一个又一个元素——从球的声音到每一个击球部分的感觉——增强觉察时，就会获得更多认知。

不过，也有必要学习将意识集中在当下，这单纯意味着要专注于当下正在发生的事情。最大的注意力缺失出现在当我们允许自己的内心预测即将发生的事情或纠缠于已经发生的事情时。内心真的非常容易沉迷于各种"如果"当中。"如果我输了这一分怎么办？"它想，"那么我将在他的发球局中以5∶3落后。如果我不能打破他的发球局，那么我就会输掉第一盘，可能还会输掉比赛。我想知道当玛莎听到我输给乔治时，她会怎么说。"到了此时，内心经常会陷入一个小小的幻想，幻想玛莎听到你输给乔治的消息后的反应。同时，回到当下，比分仍然是3∶4，30∶40，你差一点儿就忘了你是在球场上。你在当下发挥出巅峰状态所需的意识能量已经在想象中的未来泄漏了一部分。

同样地，内心经常把人的注意力引向过去。"如果边线裁判没有判最后一个发球出界，比分将是平分，我就不会陷入这种困境。同样的事情上周也发生在我身上，它让我输掉了比赛。这让我失去了信心，而现在同样的事情又发生了。这是为什么？"网球有一个好处：过不了多久，你或你的对手就会打出一个球，把你唤回当下。但通常我们的部分能量被留在过去或未来的思想世界中，导致了当下无法在一个人的全部觉察的"光照"下被看清。结果是，物体看起来很暗淡，球似乎来得更快，显得更小，甚至球场也似乎变小了。

既然内心似乎有自己的意志，那么如何才能学会让它保持在当下？通过练习。除此之外别无他法。每当你的内心开始开小差的时候，只要把它轻轻地拉回来。我曾经使用过一种速度范围很广的出球机和一个简单的练习，来帮助球员体验到什么是"更多地处在当下"。我要求学生们站在网前截击球的位置上，然后将机器设置为 3/4 的速度来出球。学生们从最初的随意，突然变得更加警觉。起初，这些球对他们来说似乎太快了，但很快他们的反应也变快了。渐渐地，我把机器转到越来越快的速度，学生们变得越发专注。当他们的反应足够快到可以回击最高速度的来球，并且他们认为自己的专注程度达到了巅峰时，我就把机器前移到中场，比以前靠近了 15 英尺。到了此刻学生们会感到一定程度的恐惧，从而失去部分的注意力。他们的前臂会稍微紧张，使他们的动作不那么迅速和准确。"放松你的前臂。放松你的内心。简单地放松到当下，专注于球的接缝处，让动作自然发生。"很快，他们又能用球拍的中心来迎接他们面前的球。他们没有自我满足的笑容，只是完全沉浸在每个瞬间。之后，一些

The Inner
Game of
Tennis

既然内心似乎有自己的意志，那么如何才能学会让它保持在当下？通过练习。除此之外别无他法。

球员说，球似乎变慢了；还有人说，在没有时间思考的情况下击球是多么地奇怪。所有进入这种临在状态的人，哪怕只有一点点，都会体验到一种平静和某种程度的狂喜，他们会想再次体验这种感觉。

提高你的警觉度对你的网前截击球产生的实际影响是显而易见的。大多数截击球的失误不是因为触球的位置在球员身后过远，就是因为位置偏离了球拍中心。提高对当下的觉察，可以让你随时了解球在什么位置，并能很快做出反应，使你能在一瞬间所选择的位置上迎击来球。有些人认为他们自身速度太慢，做不到在网前有效回击迅猛的来球。但时间是一个相对的东西，而且真的有可能把它放慢。想想看：每秒有 1000 毫秒——那可是相当大的数目。警觉度是用来衡量你在一定时期内对多少个"当下"保持警觉的标准。结果很简单：当你学会将注意力保持在当下时，你会变得更加觉察正在发生的事情。

在练习将注意力保持在当下以后，我发现我可以改变我在回击发球时的位置，从站在底线到站在发球线后一英尺的地方。如果我保持专注和放松，我甚至可以很好地看到快速的发球，足以"及时放慢它们"，在球弹起的一瞬间做出反应并追踪到球。没有时间做向后拉拍的动作，没有时间考虑我在做什么，甚至没有时间考虑我会在哪里击球。只有冷静的专注和灵动的反应来迎击球和完成随拍动作，为回球指明击打的深度和方向。在下一瞬间，我就会出现在网前——远在发球者之前！

当对手看到我站在接发球线上迎接他的发球，就不得不从心理上处理他可能认为的对他发球的蔑视。他在试图给我一个教训的过程中往往会不止一次地出现双误。他的下一个难题是需要去尝试从困难刁钻的位置打出高质量的网前穿越球。

读者可能很自然地认为，这种战术不可能对付真正一流的发球。事实并非如此。仅仅经过几个月的实验，我就发现在比赛中使用这种回球方法有很大优势。我使用得越多，我的反应就越快、越准确。专注力似乎放慢了时间，使我有必要的觉察来观察和处理回球。我在球弹地后的上升阶段就进行拦截，事实上就切断了发球者通常在发球后得到的所有线路角度，而我能在发球者之前到达网前的事实让我掌控了球场上的主导位置。

比赛过程中的专注

前面提到的大部分培养专注能力的方法最好是应用在

练习当中。在正式比赛中，通常最好选择一个注意力聚焦点——无论什么，只要是对你最有效的——并坚持下去。例如，如果球的接缝能让你的精力集中在当下，那么就没有必要专注于声音或感觉。通常情况下，你在打比赛这件事本身就会帮助你集中注意力。在争取得分的过程中，你经常发现自己处于一种相对深度专注的状态，你只觉察到了在那一瞬间发生了什么。关键的时间是在每一分之间！在一个回合的最后一球之后，内心会放下对球的专注，自由地游荡。正是在这个时候，关于比分、你不稳定的反手、生意、孩子、晚餐等想法往往会把你的能量从当下吸走。然后，在对下一分的争夺开始之前，就很难重新获得同样的专注度。

如何在两分之间保持专注于当下？我自己的方法，也是对我的许多学生都很有效的方法，就是把注意力集中在呼吸上。这里需要一些始终存于当下的对象或活动。有什么比一个人的呼吸更在当下呢？把注意力放在呼吸上单纯意味着观察我的呼吸在其自然的节奏中进、出、进、出。这并不意味着刻意控制我的呼吸。

呼吸是一个了不起的现象。无论我们是否有意，我们都在呼吸。无论是醒着还是睡着，它总是在发生。即使我们试图停止，一些力量很快就会压倒我们的努力，我们就会吸一口气。因此，当我们专注于呼吸时，我们是把注意力放在与身体的生命能量密切相关的东西上。另外，呼吸是一种非常基本的节奏。据说，在呼吸中，人重现了宇宙的节奏。当内心被呼吸的节奏攥住的时候，它往往会变得全神贯注和平静。无论是在球场上还是在球场外，我不知道有什么比把心思放在呼吸过程上更好的方法来开始处理焦虑了。焦虑是对未来可能发生的事情的恐惧，它只发生在内心想象未来可能带来什么的时候。但是，当你的注意力集中在当下时，需要在当下完成的行动就有成功完成的最好机会，于是，未来将成为最好的当下。

因此，在对一分的争夺结束后，我回到位置上或去捡球时，我把心思放在我的呼吸上。当我的内心开始琢磨我是要赢还是要输的那一时刻，我就把它轻轻带回到我的呼吸上，在它自然和简单的活动中松弛下来。这样一来，当对下一分的争夺准备开始时，我能够比在前一分钟更加专注。这种技巧对我来说不仅有助于阻止内心对坏球的焦躁不安，也让我不会对超乎寻常的好球感到迷恋。

在自我 2 的场域中打球

在本书的第 1 章中，我提到了人们倾向于描述自己在打

The Inner
Game of
Tennis

无论是在球场上还是在球场
外，我不知道有什么比把心
思放在呼吸过程上更好的方
法来开始处理焦虑了。

出最佳网球时的心态。他们以往会用"进入忘我状态"或"打疯了"这样的短语。现在惯用的描述是"心流状态"[⊖]。有关这种内心状态的有趣事实是，它确实无法被准确描述，因为当你处于这种状态的那一刻，可以去描述这种状态的那个人（你自己）通常却在忙着别的。在你脱离这种状态后，你可能会尝试回忆当时的情况，但这很难做到。你所知道的也许就是它感觉很好，而且像魔法一样奏效。

　　然而，尽管你对那个状态下所发生的了解不多，你却可以对没有发生的知之甚多。你会记住你没有批评自己，也没有祝贺自己。你没有思考如何正确地做这个动作，也没有思考如何不做这个动作。你没有考虑过去的击球或未来的分数，没有考虑人们会怎么想，甚至没有考虑想要的结果。换句话说，这种状态下缺席的是自我 1，剩下的是自我 2。因为自我 1 不在画面中，有时我们会说，这不是我做的，它只是发生了。学生们通常使用这样的语言，"我不在那里""有别的东西接手了""我的球拍做了这个，或者做了那个"，好像它有自己的意志似的。但球拍并没有缺席，尽管你没有做出计划，那记好球也不是一个意外，那是自我 2 在打球。实

　　⊖　原文中的说法是"in the zone"，中文直译比较接近于"忘我境界"或者"巅峰境界"，此处借用更加流行的术语"心流"（flow）来帮助读者理解。——译者注

际上，那是你在没有自我 1 不停干扰的情况下击球。

有趣的是，当自我 1 消失而自我 2 出现时，这种存在状态总是让人感觉很好，让人拥有更生动鲜明的意识，通常在绩效表现上也非常出色。它与那种我们也经常非常喜欢的自我满足感不同，而是一种被称之为和谐、平衡、优雅，甚至是平静或满足的状态。而且这样的存在状态可能在一场非常"激烈"的网球比赛中也会出现。

曾为迈克尔·乔丹和芝加哥公牛队教练的菲尔·杰克逊在他的《神圣篮筐》（*Sacred Hoops*）一书中很好地描述了自我 2 的专注状态："篮球是一种复杂的舞蹈，需要以闪电般的速度从一个目标转移到另一个。要想出类拔萃，你需要以清晰的内心行事，完全专注于场上每个人正在做的事情。秘诀是不去思考。这并不意味着做蠢事。这意味着要让无休止的胡思乱想停止下来，这样你的身体就能本能地执行它被训练过的事情，而不会受到内心的干扰。我们所有人都会有合一的刹那……当我们完全沉浸在当下，与我们正在做的事情密不可分时。"

我曾读到波士顿凯尔特人队的著名篮球运动员比尔·拉塞尔对心流状态的描述："在那个特殊的层面上，各种奇怪的事情都发生了……这几乎就像我们在用慢动作打球一样。

在那段时间里，我几乎可以感觉到下一次配合将如何展开，下一次投篮将在哪里发生。其至在对方发界外球之前，我就能敏锐地感觉到，以至于我想对我的队友大喊：'球会去那里！'但我知道，如果我这样做了，一切都会改变。我的预感一直是正确的，而且我总是觉得我不仅对所有凯尔特人队的球员了如指掌，而且对所有对手的球员也了如指掌，他们也都了解我。现在我觉得这不那么奇怪了。这种状态似乎更像是：对，它就是这样，它一直就应该是这样。我们可以专注。我们可以是清醒的。"

关于"心流状态"有一点需要注意：它不能由自我1控制。我看到很多文章声称提供了一种能让人"每次都在心流中打球"的技巧。忘了它吧！这是个陷阱。这是一个古老的陷阱。自我1喜欢在心流状态中打球的这个想法，尤其喜欢在其中经常会发生的结果。因此，自我1会试图攥住那些承诺能把你带到心流这个所有人都认为是好地方的任何机会。但这里有一个问题：到达那里的唯一方法是抛弃自我1。只要你让自我1作为主导者带你到那里，它也会同行，那么你将无法进入心流状态。如果你进入了，哪怕只有片刻，自我1就会说："很好，我到了。"然后你就会再次从该状态中脱离出来。

The Inner
Game of
Tennis

我曾认为在那种状态下存在的东西都是转瞬即逝的，必将离我远去。现在我知道，它总是在那里，而我才是那个会离开的人。

看待心流的另一种方式是，它其实是一个被赐予的礼物。它不是你可以自己强求而得的，而是一个你可以去请求的礼物。你怎么请求？通过你的努力？什么是你的努力？你的努力取决于你的理解。但我想说的是，它总是涉及内心专注的尝试和放下自我 1 控制的尝试。随着信任的增加，自我 1 安静下来，自我 2 变得更有意识、更有存在感，运动中享受增加了，礼物也就随之而来了。如果你愿意把功劳归于应得的一方，不认为自己"知道"如何做到，那么礼物往往会更频繁地到来并且变得更加可持续。

这听起来可能不科学，或者听起来不像你希望的那样有控制感。但我可以说，我刻意追求自我 2 已经有很长一段时间了，超过了 25 年，它会在自己的时机到来，当我准备好的时候——谦逊、尊重、不去期待，以某种方式将自己置于比它更低的位置，而不是高于它。然后当时机成熟时，它就来了，我可以享受自我 1 思想的缺失和身心愉悦的存在。我非常喜欢这种状态。尝试去握紧它，它就会像滑溜的肥皂块一样喷出掌心。把它视为理所当然，你就会分心并失去它。我曾经认为在那种状态下存在的东西都是转瞬即逝的，必将离我而去。现在我知道，它总是在那里，而我才是那个会离开的人。当我看着一个年轻的孩子时，我意识到它一直都在那里。随着孩子的成长，有更多的东西分散他们的注意力，

它就更难被识别。但是它，自我 2，可能是唯一一直存在的
东西，并将存在于你的整个生命中。各种思绪和考虑来来去
去，但童真的自我，真正的自我，就在那里，只要我们的呼
吸还在，它就会一直在那里。去享受它，去欣赏它，就是专
注所带来的礼物。

注意力的涣散

我们为什么竟然要离开当下？琢磨起来这确实是一件令
人费解的事情。当下是一个人享受生活或取得成就的唯一时
间和地点。我们的大部分痛苦都发生在我们允许自己的内心
想象未来或沉思过去的时候。然而，很少有人会对当下就在
我们眼前的事物感到满意。我们期望事情与当下不同的心态
把我们的内心拉到了一个不真实的世界，因此，我们不太能
欣赏当下所提供的东西。我们的内心，只有在我们更倾向于
过去或未来的不现实时，才会背离当下。要开始理解自己注
意力涣散的原因，我就必须知道我真正渴望的是什么。很快
我就意识到，在球场上，我的身体内存在着更多的欲望，而
不仅仅是为了打网球。换句话说，网球并不是我在球场上参
与的唯一游戏。实现专注的内心状态的一部分过程就是去了
解和解决这些相互冲突的欲望，以下章节试图阐明这一过程。

当自我执念认为自己参与的是生死攸关的斗争时，你就很难获得乐趣或集中精力。然而当一个人看清楚自我 1 所参与的游戏时，就能获得一定程度的自由。了解到这一点，你就可以客观地进行辨识，自己去发现你认为真正值得参与的游戏。

The Inner
Game of
Tennis

第 8 章

人们在球场上参与的游戏

　　哪怕对最随意的观察者来说，球场上除了网球之外，显而易见地还进行着其他的活动。一个人无论是在乡村俱乐部、公园还是在私人球场里观看比赛，他都会看到球员从经历轻微的挫折到气急败坏的情形。他会看到跺脚、挥拳、战舞、仪轨、恳求、誓言和祈祷。球拍或被愤怒地砸到围栏上，或因喜悦被抛向空中，或因厌恶而被用来敲打水泥地。界内的球会被误判出界，反之亦然。边线裁判受到威胁，球童受到责骂，朋友的诚信受到质疑。在球员的脸上，你可能会迅速观察到羞愧、骄傲、狂喜和绝望。自鸣得意让位于心急火燎，狂妄自大让位于垂头丧气。不同程度的愤怒和好斗的情绪都以公开或伪装的形式示于人前。如果一个人是第一次观看比赛，他很难相信所有这些戏剧性的东西，从开场的 0:0 到局点、盘点和最后的赛点，都会出现在一个普通的网球场上。

人们对这项运动的态度可谓五花八门、无穷无尽。球场上不仅可以观察到各种情绪反应，还可以看到球员参与这项运动的动机也是多种多样的。有些人只在乎胜利；有些人则以惊人的毅力避免失败，却无法赢得送到面前的赛点。有些人并不关心自己表现如何，只要看起来帅就可以；有些人则根本不在乎外表。有些人欺骗对手，而有些人则欺骗自己。有的人总是吹嘘自己有多优秀，有的人则不断告诉你他们打得有多差，甚至还有一小部分人在球场上只是为了娱乐和锻炼。

埃里克·伯恩（Eric Berne）在其广为人知的著作《人间游戏》中描述了潜藏在人际交往表面之下的潜意识游戏。他非常清楚地指出，人与人之间的表面现象只是故事的一小部分。网球场上的情况似乎也是如此。要想玩好任何游戏，就必须尽可能多地了解它，因此我会在这里简要介绍人们在网球场上参与的游戏，之后会介绍我自己寻找值得参与的游戏的过程。我建议不要将阅读本书当成是一种自我分析的活动，而应将其作为发现如何在参与网球运动时获得更多乐趣的一把钥匙。当自我执念认为自己参与的是生死攸关的斗争时，你就很难获得乐趣或集中精力。当自我 1 在背地里参与一些涉及自我形象的游戏时，自我 2 将永远无法表现出自发灵动和卓越的能力。然而，当一个人看清楚自我 1 所参与的游戏时，就能获得一定程度的自由。了解到这一点，你就可以客观地进行辨识，自己去发现你认为真正值得参与的游戏。

简单解释一下"游戏"的含义。每种游戏都至少包含一名玩家、一个目标、玩家与目标之间的障碍、游戏的场地（实体或是精神上的）以及参与游戏的动机。

在下面的指南中，我将游戏的目标和动机分为三类。我称这些游戏为"优秀局""关系局"和"康乐局"。在每一大类游戏之下都有子游戏，子游戏有子目和子动机，甚至每个子游戏都有许多变体。此外，大多数人其实是同时参与两种或三种游戏的混合体。

主游戏 1：优秀局
总体目标：追求卓越
总体动机：证明自己是"优秀"的

子游戏 A：完美局
主题：我能做到多好？在完美局中，"优秀"是通过对比一种绩效表现的标准来衡量的。在高尔夫比赛中，它是根据与标准杆数 ⊖ 的成绩差来衡量的；在网球比赛中，它是根据自我的期望或父母、教练、朋友的期望来衡量的。

目的： 完美，尽可能达到最高标准。

动机： 证明自己的愿望。

障碍：

　　外在： 一个人对完美的理解与自身能力之间永远无法弥合的鸿沟。

　　内在： 因为没有达到自己想要的完美程度而自我批判，导致灰心丧气、强迫症似的过度努力，以及自我怀疑，让你从一开始就认为自己需要证明些什么。

子游戏 B：争强局

主题： 我比你强。在这里，"优秀"是对比其他玩家的表现来衡量的，而不是根据既定的标准。

主旨： 重要的不是我表现得有多好，而是在于我是赢还是输。

⊖ 高尔夫运动中，从一个特定发球台开球到将高尔夫球击入一定距离以外的既定目标洞杯之内称为一洞。一场球通常由 18 个不同的球洞组成。根据发球台与球洞的距离，每一洞会设定用既定的杆数（即击球次数）来完成将球送入洞杯作为标准杆数，典型的一场球（18 洞）的标准杆数为 72 杆。球员将打完 18 洞所用真实的杆数相加作为成绩，杆数越少成绩越好，而成绩通常是用低于或者高于标准杆多少杆来记录和表述的。——译者注

目的： 成为最好的，获胜，击败所有对手。

动机： 渴望名列前茅；源于对被仰望和控制权的需要。

障碍：

　外在： 身边总有人能打败你，年轻一辈人的能力不断提高。

　内在： 一心只想着与他人比较，从而阻碍了灵动自发的行为；取决于竞争对手，自卑与优越感交替出现；害怕失败。

子游戏 C：形象局

主题： 来，看我！"优秀"是通过外表来衡量的。获胜或真正的能力都不如风范来得重要。

目的： 好看、华丽、强壮、出众、流畅、优雅。

动机： 渴望关注、赞美。

障碍：

　外在： 总有看起来不够好的地方。在一个人看来好的东西，在另一个人看来就不是那么好。

　内在： 对自己到底是谁感到混乱。害怕不能取悦所有人，害怕假想出来的孤独。

主游戏 2：关系局

总体目标：结交朋友或维系人际关系

总体动机：渴望友谊

　子游戏 A：社交地位局

主题：我们归属于高端俱乐部。你水平如何并不重要，重要的是你在哪里以及和谁一起参与。

目的：维持或提高社交地位。

动机：渴望得到"贵人们"的友谊。

障碍：

　外在：跟"成功人士"攀比所承担的代价。

　内在：害怕失去自己的社交地位。

子游戏 B：朋友局

主题：所有的好朋友都打网球。你打网球是为了和你的朋友在一起。打得过好就会没朋友了。

目的：结识或维系朋友。

动机：渴望被接纳和友谊。

障碍：

　外在：找到适合的时间、地点和朋友。

　内在：害怕被排斥。

子游戏 C：配偶局

主题：我的丈夫（或妻子）总是在打网球，所以……

目的：和配偶相处。

动机：排解寂寞。

障碍：

　外在：变得足够好，让配偶和你能玩到一起。

　内在：怀疑在网球场上能否克服孤独。（另请参阅"完美局"的内在障碍。）

主游戏3：康乐局
总体目标：心理或生理健康或乐趣
总体动机：健康或乐趣

子游戏 A：健康局
主题： 根据医生的建议来参与，或作为自发的强身健体或美化计划的一部分。
目的： 锻炼身体、出汗、放松心情。
动机： 健康、活力、延长青春的愿望。
障碍：
　　外在： 找到动机相同的人一起玩。
　　内在： 怀疑网球是否真的有帮助。被诱惑吸引加入完美局和优秀局当中。

子游戏 B：享乐局
主题： 既不是为了获胜，也不是为了成为"高手"，而仅仅是为了乐趣。（一种很少以纯粹形式进行的局。）
目的： 尽可能多地获得乐趣。
动机： 享受，表现卓越。
障碍：
　　外在： 无。
　　内在： 被拉入自我 1 的游戏中。

子游戏 C：学习局

主题：出于自我 2 对学习和成长的渴望来参与游戏。

目的：进化。

动机：享受学习本身的乐趣。

障碍：

　外在：无。

　内在：陷入自我 1 游戏里的倾向性。

这三个子游戏可以同时进行而互不干扰。它们与自我 2 的与生俱来的渴望是相容的。

竞技精神与"优秀局"的兴起

在我们的社会中，许多"认真"的网球运动员，无论他们当初是出于何种原因加入此项运动的，最终都会参与到这样或那样的"优秀局"当中去。许多人起初将网球作为一项周末运动，希望借此锻炼身体，缓解日常生活的压力，但他们最终却为自己设定了无法企及的卓越标准，往往在球场上比在球场外更加沮丧和紧张。

一个人的网球运动水平为何重要到了会引发焦虑、愤怒、抑郁和自我怀疑的程度？答案似乎深深植根于人类文化的基本模式中。我们生活在一个以成就为导向的社会中，人们往往会通过自己在各项"事业"中展现出来的能力加以衡量。甚至在我们因第一份成绩单而受到表扬或责备之前，我们就已体验过自己年幼时的那些第一次的表现如何而受到关爱或忽视。经历过这种模式后，一个基本的概念时常被清晰而响亮地传递出来：只有当你做事成功时，你才是一个好人，才值得尊重。当然，需要做好什么样的事情才值得被爱，在不同的家庭中是各不相同的，但自我价值与绩效表现之间的潜在等式几乎是普遍存在的。

现在看来，这是一个相当沉重的等式，因为它意味着在某种程度上，每一个以成就为导向的行为都成了一个界定自我价值的标准。

如果一个人的高尔夫球打得不好，仿佛就意味着和打得更好的那个版本的自己相比，他就不那么值得得到无论是自己还是他人的尊重。如果他是俱乐部冠军，他就被认为是赢家，在我们的社会中更有价值。因此，聪明、美丽和有能力的人往往认为自己是更好的人。

在一个竞争激烈的社会中，当爱和尊重取决于胜负或表现好坏时，就不可避免地会有许多人感到缺乏爱和尊重（因为每一个胜利者对面都有一个失败者，每一个优秀的表现都需要许多低劣的表现来衬托）。当然，这些人会努力赢得他

The Inner
Game of
Tennis

事实上，我们就是我们自己，
而不是我们在某一时刻的绩
效表现。

们所缺乏的尊重，而成功者也同样会努力去保护他们所赢得的尊重。有鉴于此，我们就不难理解为什么"玩得好"对我们如此重要了。

但是，是谁说我应该被我做事水平的高低来衡量？事实上，是谁说我应该被衡量？到底是谁？要跳出这个陷阱，我们必须清楚地认识到，人的价值是不能用绩效表现来衡量的，也不能用任何其他单方面制定的标准来衡量。我们真的认为人的价值是可以衡量的吗？用其他无法衡量的事物来衡量我们的做法并不合理。事实上，我们就是我们自己，而不是我们在某一时刻的绩效表现。成绩单上的分数可以衡量一个人的算术能力，但不能衡量一个人的价值。同样，一场网球比赛的得分可以说明我的表现有多好或我有多努力，但它并不能定义我，也不是我把自己看得更高或者更低的理由。

我对值得参与的游戏的探寻

在我的身高刚刚可以越过球网看到对面的时候，父亲就让我开始接触网球。11岁时我在加利福尼亚州佩布尔比奇参加了由一位名叫约翰·加德纳的新晋教练教授的第一堂网球课，而在此之前，我都只是相对随性地与我的表亲们和姐姐一起打网球。同年，我第一次参加了美国全国硬地锦标赛

"11岁以下"组的比赛。比赛前夜，我梦想着成为黑马获胜者的荣耀。第一场比赛，我紧张但轻松地取得了胜利。第二场比赛，我的对手是排名第二的选手，结果我苦涩地抽泣着以3:6和4:6落败。那时我真还不知道为什么胜利对我如此重要。

接下来的几个夏天，我每天都打网球。我会在早上7点叫醒自己，在5分钟内做好并吃完早餐，然后跑步几英里[⊖]到佩布尔比奇球场。我通常会比别人早至少一个小时，然后不知疲倦地用正手和反手击打一堵背板墙。白天，我会打10盘或15盘球，练习技巧和上网球课，直到光线不足无法看清球时才停下来。为什么做这些？我真的不知道。如果有人问起，我会说因为我喜欢网球。虽然这有一部分是对的，但更主要的是因为我深深地卷入了完美局的游戏中。我似乎很想证明自己。在比赛中获胜对我来说很重要，但每天打得好也很重要——我想变得越来越优秀。我的风格是认为自己永远不会赢，然后试图给自己和别人带来惊喜。我很难被击败，但同样也很难赢得势均力敌的比赛。虽然我讨厌输球，但我并不喜欢击败别人，我觉得这有点儿令人尴尬。我是一个不知疲倦的勤奋者，从未停止努力提高自己的

⊖ 1英里约等于1.6093千米。——译者注

The Inner
Game of
Tennis

在一个领域缺乏自信往往会
传染给另一个领域。

球技。

到了 15 岁时，我赢得了美国全国硬地锦标赛男子少年组的冠军，感受到了赢得重大比赛的激动心情。同一个夏天的早些时候，我参加了在卡拉马祖举行的全国锦标赛，并在四分之一决赛中以 6:3、0:6 和 8:10 输给了七号种子选手。在最后一盘比赛中，我在发球局以 5:3 和 40:15 领先。我很紧张，但也很乐观。在第一个赛点上，我在二发时试图打出一个 Ace 球而犯了双误。在第二个赛点上，我在座无虚席的看台前错过了最容易的一记网前截击球。此后的许多年里，我在无数次梦中重现了那个赛点，它现在在我的记忆中就像和几十年前的那一天时同样清晰。为什么？这会造成什么不同？我没有想过这个问题。

当我进入大学时，我已经放弃了通过网球锦标赛来证明自己价值的想法，而满足于就做一个"优秀的业余球员"。我将大部分精力投入到脑力活动中去，有时是为了提高成绩，有时是为了真诚地寻求真理。从大二开始，我参加了校队的网球比赛，并发现在学习成绩不佳的日子里，我在网球场上的表现通常也很糟糕。我会努力在球场上证明我在学业上难以证明的东西，但通常会发现在一个领域缺乏自信往往会传染给另一个领域。幸运的是，反之亦然。在大学的四年里，每当我走上球场比赛时，我几乎总是很紧张。到了大四且被选为球队队长的时候，我理智上确实认为竞赛真的并不能证明什么，但在大多数比赛前我还是会紧张。

毕业后，我有长达十年的时间放下了竞技网球运动，开始了教育的从业生涯。在新罕布什尔州的菲利普斯埃克塞特学院教授英语时，我意识到即便是最聪明的孩子，他们的学习能力和学业成绩也会受到很大的自我干扰。后来，在美国海军"托皮卡"号上担任训练军官时，我看到了我们的教育体系是多么贫乏，我们的训练方法是多么落后。从海军退役后，我加入了一群理想主义者的行列，在北密歇根地区创办了一所文理学院。在短短的五年时间里，我对如何学习以及如何帮助他人学习越来越感兴趣。20世纪60年代末，我研究了亚伯拉罕·马斯洛和卡尔·罗杰斯（Carl Rogers）的著作，并在克莱尔蒙特研究生院学习了学习理论。但直到1970年夏天，我利用休学术长假的时间来教授网球，才真正在学习方面取得了实践应用上的突破。那时我对学习理论产生了兴趣，并在那个夏天开始对学习过程有了一些见解。我决定继续教网球，于是开发了后来被称为"内在游戏"的学习方法，这种方法似乎大大提高了学生的学习效率。它对我的竞技水平也产生了有益的影响。学习一些集中注意力的技艺帮助我的球技迅速恢复，很快我就能稳定地发挥出比以往任何时候更好的水平。在我成为加利福尼亚州锡赛德的梅多布鲁克俱乐部（Meadowbrook Club）的专职教练后，我发现尽管我没有太多时间来练习自己的球技，但通过践行我所教授的原则，我可以把自己的球技保持在当地几乎无人能敌的水平。

有一天，在和一位非常优秀的球员对阵打出了高水平以后，我开始琢磨自己在正式比赛中会有什么样的发挥。我对自己的球技很有信心，但我还没有和真正有官方排名的球员对抗过。于是，我参加了伯克利网球俱乐部举办的、有顶级球员参加的比赛。在比赛的那个周末，我满怀信心地驱车前往伯克利，但当我到达时，我开始怀疑自己的能力。那里的每个人似乎都有 1.95 米高，拿着五六个球拍。我认出了许多出现在网球杂志里的球员，但他们似乎都不认识我。这里的气氛与我那名为梅多布鲁克的小池塘截然不同，在那里我可是青蛙之王。我突然发现以前的乐观变成了悲观。我开始怀疑我的球技。但为什么？难道从三小时前我离开俱乐部之后，我的球技发生了什么变化吗？

我第一场比赛的对手真的就是一位身高 1.95 米的球员。尽管他只带了三只球拍，但当我们各自走向后场时，我的膝盖感觉有点打战，手腕似乎也不像平时那么有力了。我试了几次，让手更用力地握住球拍的手柄。我想着在球场上将会发生些什么。但当我们开始热身时，我很快发现我的对手并不像我想象的那么强。如果我是在给他上课，我很清楚我会给他什么样的指点，我很快就把他归类为"高于平均水平的俱乐部球员"，这样感觉就好多了。

然而，一个小时后，我已经以3：6的比分输掉了第一盘，而当第二盘的比分也变成对我不利的1：4的时候，我开始意识到我将被一个"高于平均水平的俱乐部球员"击败。在比赛中，我一直处于紧张状态，错失容易得分的机会，发挥得也不稳定。我的专注程度似乎总是差了那么一点点，以至于我的击球落点总会与边线差之毫厘，网前截击球也会时常擦网而落。

结果，就在胜利唾手可得时我的对手跌倒了。我不知道他脑子里在想些什么，但他就是无法击败我。他以6：7输掉了第二盘，又以1：6输掉了下一盘，但当我走下球场时，我丝毫感觉不到我赢得了比赛，相反，我觉得是他输掉了比赛。

我马上开始考虑下一场比赛，对手是加利福尼亚州北部排名很高的一位球员。我知道他的比赛经验比我丰富，技术也可能比我娴熟。我当然不想再像第一轮那样比赛——那将是一场溃败。但我的膝盖仍在颤抖，我的内心似乎无法专注，我很紧张。最后，我找到一个可以安静独处的地方坐了下来，想看看自己是否能冷静下来。我首先问自己："可能发生的最糟糕的情况会是什么？"

答案很简单："我可能会被零封输掉比赛。"

"如果你真的这样输了呢？然后呢？"

"嗯……我会被淘汰出局，然后回到梅多布鲁克。人们会问我打得怎么样，我会说我在第二轮输给了某某。"

他们会同情地说："哦，他挺厉害的。比分是多少？"然后我就不得不坦白：两个大鸭蛋。

"接下来会发生什么？"我问自己。

"嗯，我在伯克利被打败的消息很快就会传开，但很快我就会重新开始打出好的水平，不久之后生活就会恢复正常。"

我尽力诚实地思考可能出现的最坏结果。它们当然并不理想，但也不是无法忍受，当然也还没有糟糕到让人心烦意乱的地步。然后我问自己："那最好的结果是什么？"

答案同样清晰：我可能会零封对手获胜。

"然后呢？"

"我必须再一场一场地接着打下去，直到我被击败，而在这种级别的比赛中，失利不可避免地很快就会到来。然后我会回到我自己的俱乐部，分享我的表现，肩膀会被拍上几次，很快一切又会恢复如常。"

在这次比赛中多待上一到两轮似乎并没有什么太大的吸引力，所以我问了自己最后一个问题："那你到底想要什么？"

答案出乎我的意料。我意识到，我真正想要的是克服紧张情绪，这种情绪阻碍了我发挥出最佳水平和享受比赛。我想克服那些已经困扰我大半生的内在障碍。我想赢得内心的比赛。

有了这样的认识，知道了自己真正想要的是什么，我带着新的热情迎接了我的比赛。在第一局比赛中，我出现了三次双误，并且丢掉了发球局，但从那时起我感受到了一种确信。仿佛巨大的压力得到了缓解，我在场上得以将我的全部能量调动出来。从结果上来看，我始终未能破掉对手左手旋转的发球局，但直到第二盘最后一局我才再次丢掉自己的发球局。虽然我以 4:6 和 4:6 的比分输掉了比赛，但走下球

The Inner
Game of
Tennis

我真正想要的是克服紧张情
绪，这种情绪阻碍了我发挥
出最佳水平和享受比赛。我
想克服那些已经困扰我大半
生的内在障碍。我想赢得内
心的比赛。

场时我感觉自己赢了。我虽然输掉了外在的比赛，但赢得了我想要的比赛，我自己的比赛，我感到非常高兴。事实上，赛后，当一位朋友走过来问我打得怎么样时，我很想说："我赢了！"

我第一次认识到内在游戏的存在及其对我的重要性。我不知道其中的游戏规则是什么，也不知道它的目的是什么，但我确实感觉到它所涉及的不仅仅是赢得一个奖杯。

真正的竞争与真正的合作在本质上是一致的。在竞争中，看似每个人都在竭尽全力打败对方，但其实我们并不是在打败对方，而是克服对方所设置的障碍。在真正的竞争中，没有人会被打败。

The Inner
Game of
Tennis

第9章

竞争的意义

在当代西方文化中，关于竞争存在着大量争议。一部分人高度评价竞争，认为它是西方进步和繁荣的原因所在。另一部分人则认为竞争是不好的，它使一个人与另一个人对立，因而是具有分裂性的；它导致人与人之间的敌意，阻碍合作，而且竞争最终并不会产生实质效果。认为竞争是有价值的人相信像足球、棒球、网球和高尔夫这样的运动。那些认为竞争是一种合法敌对行为的人则倾向于冲浪、飞盘或慢跑等非竞争性的娱乐方式。即使打网球或高尔夫，他们也坚持"非竞争性"，他们的格言是合作胜于竞争。

那些否定竞争价值的人有着充足的弹药。正如上一章所指出的，有大量证据表明，人们在竞争环境中往往会变得多

The Inner
Game of
Tennis

很少有人意识到，证明自己
的需要是来源于不安全感和
自我怀疑。

么狂热。诚然，对许多人来说，竞争只是发泄攻击性的舞台；竞争被视为证明谁更强壮、更坚韧或更聪明的战场。每个人都认为，通过击败对方，自己就在某种程度上确立了对对方的优势，不仅是在游戏或比赛当中，而且是在人格上。很少有人意识到，证明自己的需要是来源于不安全感和自我怀疑。只有当一个人对自己是谁和自己代表什么感到不确定时，他才需要向自己或他人证明自己。

因此，当竞争成为一种对比他人建立自我形象的手段时，一个人最糟糕的一面往往就会暴露出来。这时，普通的恐惧和沮丧就会被过分夸大。如果我暗自担心会因为打得不好或输掉比赛而被视为不是个男子汉，我自然会对自己的失误更加不满。当然，这种紧张情绪会使我更难发挥出最高水平。如果一个人的自我形象没有受到威胁，竞争就不会带来问题。

我曾教过许多儿童和青少年，他们认为自我价值的实现取决于在网球和其他技能上的表现。对他们来说，打得好和赢球往往是生死攸关的问题。他们将自己的网球技术作为衡量标准之一，不断地与朋友进行比较。似乎有些人认为，只有做到最好，只有成为赢家，才有资格获得他们所寻求的爱和尊重。许多父母培养孩子的这种信念。然而，在根据我们的能力和成就来衡量我们的价值的过程中，每个人真正的、无法衡量的价值却被忽视了。那些被教导用这种方式来衡量自己的孩子长大成人后，往往会被成功的欲望驱使，从而使其他一切都黯然失色。这种信念的悲剧并不在于他们无法获得所追求的成功，而在于他们无法找到爱，甚至无法找到他们被引导去相信会随成功而来的自尊。此外，在他们一心追求可衡量的成功的过程中，许多其他可开发的人类潜能会不幸地被忽视掉。有些人从来没有时间或意愿去欣赏大自然的美景，向所爱的人表达他们最深切的感受和想法，或思考他们存在的终极使命。

然而，当一些人似乎被成功欲所困的时候，另一些人则采取了反叛的姿态。他们强烈地遣责竞争，并指出在一种只重视优胜者（忽视平庸者身上的积极品质）的文化模式中，存在着明显的残酷性和局限性。这些人当中发声最响亮的是那些遭受着父母或社会强加给他们竞争压力的年轻人。在教授这些年轻人时，我经常观察到他们的内在有一种对失败的渴望。他们似乎在通过不努力争取胜利或成功来寻求失败。他们可以说是在"躺平"。通过不努力，他们总会有一个合理解释："我也许输了，但这并不意味着什么，因为我没有真的努力过。"这后面通常未被看到的是一个信念，如果他们真的努力过但仍然输了，那就真的意味着什么了。这样的

失利就会变成他们价值的某种反映。显然，这种信念与试图
证明自己的竞争者的信念是一样的。两者都是自我 1 的自我
表演，都是基于一种错误的假设，即一个人的自尊感取决于
他相对于其他人的表现。两者都表现出对自己比不上别人的
恐惧。只有当这种阴魂不散的底层恐惧开始消失时，我们才
能发现竞争中存在的新的意义。

　　在形成现在的观点之前，我自己对竞争的态度也经历了
相当大的演变。正如上一章所述，我从小就相信竞争，发挥
出色和取得胜利对我来说都意义重大。但当我开始探索自我
2 在网球教学和比赛中的学习过程时，我就转换阵营了。我
决定不求取胜，只求打得漂亮和出色。换句话说，我开始去
玩相当纯粹的完美局游戏。我的理论是，我不关心我与对手
的差距有多大，而只专注于实现卓越本身。真是太美妙了，
我会在球场中翩然起舞，流畅、精确且"睿智"。

　　但还是少了一些东西。我没有体验到对胜利的渴望，因
此我常常缺乏必要的意志力。我曾认为，自我执念是伴生于
一个人对胜利的渴望的，但在某一刻我开始问自己，是否真
的就不存在一种毫无自我执念的求胜动机？是否有一种求胜
的意志力既不是执念的自我表演，也不涉及伴随执念而来的
那些焦虑和挫败感？求胜的意志是否总是意味着"瞧，我比

你强"？

　　有一天，我的一次有趣的经历以一种意想不到的方式让我相信，为了优雅和卓越而打球并不是网球的全部。几个星期以来，我一直想和一个女孩约会。她拒绝了我两次，但每次她都似乎有很好的理由。终于，一个晚餐约会被定了下来，并且在那天当我上完最后一堂课时，另一位教练同事邀请我打上几盘。"我非常愿意，弗雷德，"我回答说，"但今晚实在没空。"这时我被告知有一个电话在会所等着我。"等会儿，弗雷德，"我说，"如果那个电话和我担心的一样，你今晚可能就会真的有场比赛了。如果真是这样，那你可得小心！"电话正是我所担心的。这次的借口也很合理，而且那个女孩的态度真的很好，让我没办法冲她发火，但当我挂断电话时，我意识到我已经怒不可遏了。我拿起球拍，跑到球场上，开始用前所未有的力度击球。令人惊讶的是，大部分球都打进了界内。从一开始我就毫不放松，一直保持着全力进攻的态势，直到比赛结束。即便是在关键分上，我也会去追求制胜球并且还真的做到了。就算在领先的情况下，我也打得异常坚决。事实上，我已经打疯了。不知怎的，愤怒让我超越了自己先入为主的限制性信念，让我不再谨小慎微。比赛结束后，弗雷德和我握手，丝毫没有沮丧的样子。那天他直面了一场无法应对的飓风，但他打得很尽兴。事实上，我打得是如此之好，让他似乎很庆幸能在现场见证这一切，或者说，我能打出这样的水平，他似乎也功不可没——当然，他确实劳苦功高。

我不想宣扬带着愤怒比赛是取胜的关键。如果说那天有什么关键的话，那就是我打得非常真诚。那天晚上我很生气，但与其假装自己不生气，我通过我的网球恰当地把情绪发泄了出来。这感觉很好，也很奏效。

取胜的意义

竞争意义的谜团直到后来我开始发现求胜意志的本质时才被豁然解开。有一天，我在与父亲讨论的过程中，对获胜的意义产生了重要的认识。如前所述，父亲让我接触到了竞争，他也认为自己是运动场和商场上的狂热竞争者。以前我们曾多次就竞争的话题争论不休，我认为竞争是不健康的，只会让人变得更坏。但这次谈话彻底改变了这个争论。

我首先以冲浪为例，说明冲浪是一种不涉及竞争的休闲娱乐方式。父亲在思考这句话时问道："但事实上，冲浪者难道不是在与他们驾驭的海浪竞争吗？他们不是避开海浪的猛烈之处，且利用海浪的弱点吗？"

我回答说："是的，但他们不是在与任何人竞争，他们不是在试图击败任何人。"

"他们不是和人竞争，但他们是在努力冲到沙滩上，不是吗？"

"是的，但冲浪者的真正目的是融入海浪的流动，也许是与海浪合二为一。"但那时我突然明白了。父亲是对的。冲浪者确实想乘着海浪冲向海滩，但他却在海里等待着他认为自己能够驾驭的最大海浪的到来。如果他只想"随波逐流"，他可以在中等大小的浪头上做到这一点。为什么冲浪者要等待大浪呢？答案很简单，它解开了关于竞争真正本质的困惑。冲浪者等待大浪是因为他珍视大浪带来的挑战。他珍视海浪在他和他的目标——乘着海浪冲向海滩——之间设置的障碍。为什么？因为正是这些障碍，海浪的大小和汹涌的力量，将冲浪者最大的能量调动了出来。只有在面对大浪时，冲浪者才需要用他的全部技巧、勇气和注意力去克服。只有这样，他才能发挥出自己真正极限的能力。这时他往往会达成巅峰表现。换句话说，冲浪者所面临的障碍越具有挑战性，他就越有机会发现并拓展自己的真正潜能。这种潜能可能一直存在于他的内在深处，但直到被彰显成为行动之前，它仍然是一个不为人知的秘密。在这个自我发现的过

The Inner
Game of
Tennis

达成目标本身可能不如在克
服困难的过程中所获得的体
验更有价值。

程中，障碍是一个非常必要的因素。请注意，这个例子中的冲浪者并不是为了证明自己，他不是为了向自己或世界展示自己有多么伟大，而只是为了探索自己潜在的能力。他直接而亲密地感受了自身的能力储备，从而获得了更多的自我认知。

从这个例子中，我更加明确了获胜的基本含义。获胜就是克服困难、达到目标，但获胜的价值只与所达成的目标的价值相当。达成目标本身可能不如在克服困难的过程中所获得的体验更有价值。这个过程可能比胜利本身给人带来更大的收获。

一旦人们认识到高难度障碍的存在价值，就会发现竞技体育的真正好处。在网球运动中，是谁为一个人提供了体验自己最高极限所需要克服的障碍？当然是他的对手！那么你的对手是朋友还是敌人呢？他是朋友，因为他会竭尽全力给你制造困难。只有通过扮演你的敌人，他才会成为你真正的朋友。只有与你竞争，他才是真正地在与你合作！没有人愿意站在网球场上等待汹涌海浪的到来。在这种竞争中，对手有责任为你制造最大的困难，而你也有责任为他制造障碍。只有这样做，你们才会给对方机会去发现各自所能达到的高度。

因此，我得出了一个惊人的结论：真正的竞争与真正的合作在本质上是一致的。在竞争中，看似每个人都在竭尽全力打败对方，但其实我们并不是在打败对方，而是克服对方所设置的障碍。在真正的竞争中，没有人会被打败。双方都能通过努力克服对方设置的障碍而获益。就像两头公牛相互撞击一样，双方都会变得更加强大，并且都会参与到对方的成长当中。

这种态度会让你对待网球比赛的方式发生很大变化。首先，你不再希望对手双误，而是希望他的第一发就会有效。这种希望球落在界内的想法有助于你在回球时达到更好的心理状态。你的反应会更快，动作会更好，这样就会给对手带来更大的挑战。你往往会对自己和对手都建立更多的信心，这大大有助于你的预判能力。结束时你要与对手握手，无论谁赢了，你都要感谢他所带来的挑战，而且是真心实意地。

我曾经认为，如果我与一名反手较弱的球员进行友谊赛，总是打他的弱点有点儿不公平。但在有了上述的发现以后，真相则恰恰与此相反！如果你尽可能多地打他的反手，他的反手球只能是越打越好。如果你保持"友善"，打他的正手，他的反手就会一直很弱。在这个场景下，真正的友善之人就是竞争对手。

The Inner
Game of
Tennis

你不必为了成为赢家而变成
杀手。你只须认识到，杀伐
并不是游戏的本质。

　　还是同一个对真正竞争的本质的洞察，让我的思维发生了另一次的逆转，并给我的水平发挥带来了极大的提升。我15岁时，有一次爆冷，在一个本地的锦标赛中击败了一个18岁的青年。比赛结束后，我父亲从看台上走下来，衷心祝贺我的胜利，但我母亲的反应却是："噢，那个可怜的孩子，他被一个比他小这么多的人打败了，心里一定很难过。"这显然是一个心理自相矛盾的例子。在那时我同时感到自豪和内疚。在我意识到竞争的意义之前，我从来没有因为打败了别人而感到真正的快乐。而在精神上，当接近胜利时我最难发挥出自己的水平。我发现很多球员都是这样，尤其是在即将爆冷胜出的时候。造成这种紧张情绪的一个原因是对竞争的错误认识。如果我认为赢了比赛，自己就更值得尊重，那么我就一定会自觉或不自觉地认为，打败了对手就会使对方变得不值得被尊重。如果不把别人踩下去，我自己就不可能升起来。这种信念会让我们产生一种不必要的负罪感。你不必为了成为赢家而变成杀手。你只须认识到，杀伐并不是游戏的本质。今天，我在每一分上都会力争求胜。这很简单，也很好。我并不担心比赛的输赢，而是担心自己是否在每一分上都尽了最大的努力，因为我意识到这才是真正的价值所在。

　　最大努力并不意味着自我1的过度发挥。它意味着集中精力，下定决心，并信任自己的身体去让一切自然发生。这意味着身体和精神上的全力以赴。竞争与合作再次融为一体。

在意获胜和在意获胜所付出的努力之间的区别看似微小，但二者在效果上却大相径庭。当我只在意获胜时，我关心的是我无法完全控制的事情。外在比赛的输赢，是对手和我两个人的技术与努力付出的结果。当一个人在情绪上对自己无法控制的结果有太多的牵扯时，他往往会变得焦虑不安，进而过度努力。但一个人可以去控制自己为获胜所付出的努力。一个人永远都可以在任何一个时刻选择尽力而为。因为人不会对自己可以控制的事件感到焦虑，所以只要意识到自己正在尽最大努力去赢得每一分，你就会从焦虑的困扰中摆脱出来。这样一来，原本被消耗于焦虑及其后果的能量就可以被用在努力获胜上。通过这种方式，人们就能最大限度地提高外在比赛的胜率。

因此，对于内在游戏的玩家来说，能否每时每刻放下焦虑，以当下的行动为中心，才是真正的输赢之道，而且这场比赛永远没有终点。最后还希望给大家一个提醒。有人说，所有伟大的事情都是通过巨大的努力实现的。尽管我相信这是真的，但所有巨大的努力并不一定都会带来伟大的结果。

The Inner
Game of
Tennis

对于内在游戏的玩家来说，能否每时每刻放下焦虑，以当下的行动为中心，才是真正的输赢之道，而且这场比赛永远没有终点。

一位智者曾告诉我："说到克服障碍，有三种人。第一种人认为大多数障碍都是不可逾越的，于是一走了之；第二种人看到障碍，就说我能克服它，然后开始向下挖地道、向上攀爬或迎头冲撞过去；第三种人在决定克服障碍之前，会试图找到一个可以看到障碍另一面的视角，然后，只有当回报值得付出努力时，他才会尝试克服障碍。"

The Inner
Game of
Tennis

只有当回报值得付出努力时，
他才会尝试克服障碍。

打网球时的专注在本质上与完成任何任务（甚至欣赏交响乐）所需的专注没有什么不同；学会放下根据反手水平来评判自己的习惯与忘掉评判孩子或上司的习惯没有什么不同。学会在竞争中欣赏障碍会自动提高一个人在生活中面对所有困难时找到优势的能力。因此，每一种内在收获都会立即自发应用到一个人的所有活动中。这就是为什么内在游戏值得我们关注。

The Inner
Game of
Tennis

The Inner Game of Tennis

第 10 章

球场外的内在游戏

到这里为止，我们一直在探索应用在网球运动上的内在游戏。我们首先发现，我们在打网球时遇到的许多困难都源于心理因素。作为球员，我们往往在击球前和击球过程中想得太多；我们过于努力地控制自己的动作；我们过于关心自身行为的结果，以及这些结果会如何影响我们的自我形象。总之，我们担心太多，注意力不集中。为了更清晰地看到网球运动中的心理问题，我们引入了自我 1 和自我 2 的概念。自我 1 是对有意识的自我执念的称呼，它喜欢告诉自我 2——也就是你和你的潜能——如何打网球。自发打出高水平网球的关键在于解决这两个自我之间通常存在的不和谐的问题。这需要学习几种内在技能，主要包括放下自我评判，让自我 2 去击球，认识并信任自然的学习过

209

程，以及最重要的是在放松专注的技艺上获得一些实践经验。

到了这个时刻，"内在游戏"的概念就出现了。这些内在技能不仅能对一个人的正手、反手、发球和网前截击（即网球的外在游戏）产生显著效果，而且它们本身就极具价值，并广泛适用于生活的其他方面。举例来说，当一名球员认识到学习专注力可能比反手对他更有价值时，他就会从一名主要从事外在游戏的球员转变为一名从事内在游戏的球员。这样，他就不是通过学习专注力来提高网球水平，而是通过练习网球来提高自己的专注力。这代表着价值观从外在到内在的重要转变。只有当球员的内心发生这种转变时，他才能摆脱过度依赖外在比赛结果所带来的焦虑和挫败感。只有这样，他才有机会超越自我 1 的各种自我表演中固有的限制，并对自己的真正潜能产生新的认知。这样，竞争就成了一种有趣的媒介，让每位球员都能在其中尽自己最大的努力去赢得比赛，从而给对手提供了他渴望达成全新自我认知水平的机会。

于是，网球运动中有两个运动：一个是外在游戏，与外在对手设置的障碍进行对抗，争取一个或多个外在奖励；另一个是内在游戏，与内在的心理和情绪障碍对抗，追求新的

认知并展现自己的真正潜能。应该认识到的是，内在游戏和
外在游戏是同时进行的，因此，选择的重点不在于参与哪一
个，而在于哪一个值得被优先考虑。

很显然，几乎所有的人类活动都涉及外在游戏和内在游
戏。无论我们追求的是财富、教育、名誉、友谊、世界和
平，还是仅仅是晚餐吃点儿什么，我们与外在目标之间总是
存在着外在障碍。而内在障碍也一直存在：我们用来实现外
在目标的那个内心很容易被扰乱，因为它有担心、后悔或把
简单情况复杂化的倾向性，进而不停地造成不必要的内在困
难。认识到这一点很有帮助，我们的外在目标多种多样，我
们需要学习多种技能才能实现，而内在障碍却只有一个来
源，克服这些障碍所需的技能也始终不变。无论你身在何
处，无论你做的是什么，在自我 1 被压制住之前，它都会制
造恐惧、疑虑和妄想。打网球时的专注在本质上与完成任何
任务（甚至欣赏交响乐）所需的专注没有什么不同；学会放
下根据反手水平来评判自己的习惯与忘掉评判孩子或上司的
习惯没有什么不同。学会在竞争中欣赏障碍会自动提高一个
人在生活中面对所有困难时找到优势的能力。因此，每一种
内在收获都会立即自发应用到一个人的所有活动中。这就是
为什么内在游戏值得我们关注。

The Inner
Game of
Tennis

在现代社会，人类最不可或
缺的工具或许就是在急剧和
令人不安的变化中保持冷静
的能力。

培养内在稳定性

在现代社会，人类最不可或缺的工具或许就是在急剧和令人不安的变化中保持冷静的能力。那些最能在当今时代生存下来的人正如吉卜林所说，"在众人六神无主之时还能镇定自若"。[⊖]内在稳定不是在看到危险时就把头埋进沙子里，而是通过获得洞察所发生事情的真实本质并做出适当反应的能力来实现的。这样，自我 1 对危险情况的反应就不会破坏你内心的平衡或清醒。

相比之下，当自我 1 被某一事件或环境扰乱时，我们就更容易失去内心的平衡，这种存在状态就是不稳定。自我 1 往往会扭曲自己对事件的感知，促使我们采取错误的行动，这反过来又会导致我们内在的平衡被进一步破坏——这就是典型的自我 1 恶性循环。

人们会问："那么，我该如何管理我的精神压力呢？"人们参加各种课程，学习各种补救措施，但通常自我 1 的压力仍在持续。"管理精神压力"的问题在于你倾向于认为精神压力是不可避免的。必须得有压力你才能去管理。我注意到自我 1 在被激活或被挑战时往往会越战越勇。另一种

⊖　吉卜林，全名约瑟夫·鲁德亚德·吉卜林（Joseph Rudyard Kipling），英国作家、诗人，此句出自其诗歌作品《如果》（*If*）。——译者注

The Inner
Game of
Tennis

信任自己并在了解真实自我的
过程中不断成长的需要永远不
会减少。放下对自己和他人进
行"好或坏"评判的视角，永
远是通向清晰的法门。

不同的策略是在稳定性的基础上更进一步：支持和鼓励自我 2，因为自我 2 越强大，就越难让你失去平衡，你就能越快地恢复平衡。

自我 1 造成的精神压力是一个窃贼，如果我们任其发展，它就会剥夺我们享受生活的乐趣。我活得越长，就越能体会到生命本身就是一份礼物。这份礼物的伟大远远超出了我的想象，因此，在有精神压力的状态下生活意味着我正在错失很多——球场内外皆是如此。也许智慧并不在于提出新的答案，而在于更深层次地认识到古老答案的深奥。有些事情是永远不变的。信任自己并在了解真实自我的过程中不断成长的需要永远不会减少。放下对自己和他人进行"好或坏"评判的视角，永远是通向清晰的法门。在你还拥有生命的时候，明确自己的优先事项，尤其是生命中的第一优先事项，这一点的重要性永远不会降低。

在这个压力从四面八方向我们袭来的时代，精神压力比以往任何时候都更容易出现。妻子、丈夫、老板、孩子、账单、广告、社会本身，都将继续对我们的生活提出要求。"要做得更好，要做得更多，要这样，不要那样，要有所作为，要更像他或像她，我们现在正在做出这些改变，所以改变吧"，这些信息和"这样打球或那样打球，不这样做你就

The Inner
Game of
Tennis

在你还拥有生命的时候，明确自己的优先事项，尤其是生命中第一优先事项，这一点的重要性永远不会降低。

不行"并没什么区别。有时，这些要求说得很动听或很实在，仿佛是生活里浑然天成的一部分；有时，这些要求又来得如此严厉，会让人们迫于恐惧而采取行动。但有一点是肯定的：来自外部的压力会不断涌现，而且实际上压力到来的节奏很可能会变得越来越快，力度会变得越来越大。信息爆炸式地增长，随之而来的是了解更多的信息和扩展我们能力的需求。对大多数人来说，工作的要求越来越高，而失去工作的威胁也越来越大。

大多数精神压力的来源可以用"依恋"（attachment）一词来概括。自我 1 对其经验中既有的事物、情况、人物和理念产生了极大的依赖性，以至于当变化发生或似乎即将发生时，自我 1 就会感到威胁。一个人摆脱精神压力并不一定需要真的放弃什么，而是在必要时能够放下任何事物，并且知道自己仍然会安好。它来自更加独立自主——不是更加孤立，而是更加能够依靠自己的内在资源来保持稳定。

在我看来，在这样的时代中拥有建立内心稳定的智慧显然是成功生活的一个必要条件。实现内心稳定的第一步可能是承认有一个内在的自我，它自己也有着与生俱来的需求。这个拥有你所有天赋和能力的自我，你希望用来完成任何事情的自我，也有属于自己的要求。这要求是一种自然而生的需求，我们甚至都不需要被教导。每一个自我 2 都是与生俱来的，无论出生在哪里，都有满足自己本性的本能。它想要享受、学习、理解、欣赏、追求、休息、健康、生存、自由地做自己、展现自己并做出独特的贡献。

自我 2 的需求会伴随着温和而持续的敦促。每当一个人的行为与自我 2 保持一致时，他就会有一种满足感。根本的问题是，相对于所有外部压力，我们给予自我 2 的需求怎样的优先级别？显然，每个人都必须为自己提出并回答这个问题。

我和其他人一样，不得不学会一件非常重要的事情——如何将自我 2 的内在需求与那些已经被自我 1 内化的外在需求区分开来，这些外在需求在我的思维中已经变得如此熟悉，以至于"听起来"都像是来源于我自己。作为一个几十年的自由职业者，我承认我一直是自己最大的压力源。但慢慢地，我发现当我给自己施加压力时，我试图满足的其实并不是我自己的需求，而是我"拾起"或"接收"来的需求。这么做的原因也仅仅是因为我早年听到过这些需求，或者因为它们似乎被普遍接受。很快，它们就开始听上去更顺耳了，因此比自我 2 的那些含蓄且锲而不舍的敦促更容易被听进去。

在众多针对网球运动员的采访当中，其中让我最喜欢的是一段与当时还只有 14 岁的珍妮弗·卡普里亚蒂（Jennifer Capriati）[⊖] 的访谈。那时候，她正参加多项世界级的女子网球职业赛事，并且表现极为出色。记者问她，在与世界上最优秀的球员比赛时有多紧张。珍妮弗回答说，她一点儿也不紧张。她说，能与这些球员同场竞技是她的荣幸，而在此之前，她从未有过这样的机会。"但是，当你进入世界级比赛的半决赛，而且只有 14 岁，身上承载着所有的期望，你肯定会有一些压力。"面对记者对她的恐惧的追问，珍妮弗最后的回答简单、纯真，而且在我看来，这是非常纯粹的自我 2。"如果我在打网球时感到害怕，我不明白我为什么要打网球！"她感叹道。记者就此停止了提问。

也许我们中的愤世嫉俗者想说："但看看珍妮弗后来的下场吧。"是的，也许她输给了自我 1 几个回合，但比赛并不是由单次的胜利或失败就能决定的。自我 1 不会轻易放弃，自我 2 也不会。我毫不怀疑珍妮弗的自我 2 是完好无损的。我们完全可以从她在 14 岁时就让恐惧靠边站的例子中

获得鼓舞。

我们摆脱压力的程度与我们对真实自我的响应度是成正比的，让每时每刻都成为自我 2 活出自我的机会，并享受这个过程。在我看来，这是一个终身学习的过程。

我希望你们现在已经明白，我并不是在倡导一种正向思维方式，即当现实不如意的时候仍然在内心向自己强调事情进展顺利。也不是主张那种说："如果我认为我是善良的，那我就是善良的；如果我认为我是赢家，那我就是赢家。"在我看来，这就是自我 1 在试图塑造一个更好的自我 1。瞎忙活而已。

我在最近的大多数讲座中，都会提醒自己和听众——尽管我来自加利福尼亚州，但我不相信所谓的自我提升，并且我也不想提升听众。有时，这会让听众目瞪口呆。但我依然不认为任何人的自我 2 从出生到死亡需要任何的改进，它一直都足够好。我比任何人都更需要记住这一点。是的，我们的反手击球能力可以提高，我相信我的写作水平也可以提高；当然，我们在这个星球上彼此相处的技巧也可以提高。但内心稳定的基石是要知道人的本质不存在任何瑕疵。

请相信我，我这样说并不是没有充分考虑过自我 1 可能造成的破坏的深度，而是因为我从亲身经历中认识到，我们的内在总有一部分是对自我 1 的污染具备免疫能力的。也许我必须学习和重新学习这个事实，因为我很早就被灌输了与此相反的观念：不知何故我就是坏的，必须学习去变好。

在我的人生中，试图通过变得格外好来弥补这个消极信念的那些时间既不令人愉快，也没有带来价值感。尽管我通常都能满足，有时甚至超越那些我试图取悦或安抚的人的期望，但这么做是以损害我与自己的联结作为代价的。对网球的内在游戏的探索让我以一种非常真实的方式认识到，自我 2 如果只靠自己的资源，它自己就能做得很好。我觉得自己会有需要去不断重铸对自己的信任，并保护自己不受破坏这种信任的内外声音的影响。

还有什么办法可以促进内心的稳定？内在游戏传递的信息很简单：专注。专注于当下，这是你唯一能真正活在其中的时刻，是本书的核心，也是做好任何事情的技艺的核心。专注意味着不沉湎于过去，无论是错误还是辉煌；它意味着不沉迷于未来，无论是恐惧还是梦想。集中注意力的能力就是不让注意力随你一道迷失的能力。这并不意味着不去思考，而是由自己来主导自己的思考。专注可以在网球场上练习，也可以在切胡萝卜时练习，还可以在压力重重的董事会上练习，或者在堵车时练习；可以在独处时练习，也可以在交谈时练习。在聆听他人讲话时完全集中注意力，不在自己的头脑中进行旁白，和打球时观察网球的所有细节，不去理会自我 1 的担忧、希望和指示，二者所需要的信任程度并无不同。

当我学会接受我无法控制的事情，并控制我可以控制的事情时，稳定性就会增强。大学毕业后的第一年，一个寒冷的冬夜，我第一次但绝不是最后一次体会到接受生死的力量。那时我独自开着我的大众甲壳虫，从缅因州的一个小镇前往新罕布什尔州的埃克塞特。临近午夜时，我的车轮在一个结冰的弯道上打滑，我的车轻轻地却不可控制地冲出了路面，掉进了一个雪堆里。

当我坐在车里，感觉到越来越冷的时候，我突然意识到了情况的严重性。车外的温度大约是零下 20 摄氏度，而我除了身上的运动夹克外，什么都没有带。车子在静止状态下根本没有保暖的希望，被别的车接走的希望也很小。在已经过去的 20 分钟里，我没有路过一个城镇，在这段时间里，也没有一辆汽车经过我身边。没有农舍，没有耕地，甚至没有电线杆来提醒我文明的存在。我没有地图，也不知道下一个城镇在前面多远。

The Inner
Game of
Tennis

当我学会接受我无法控制的
事情，并控制我可以控制的
事情时，稳定性就会增强。

我面临着一个有趣的选择。如果待在车里，我就会冻僵，所以我必须决定是向前走向未知，希望下一个拐角处就会有一个小镇，还是沿着来时的方向往回走，因为我知道至少在后方 15 英里外一定会有人帮助我。考虑了片刻后，我决定试着给未知一个机会。毕竟，电影里不都是这么演的吗？我向前走了大约十步，便不假思索地果断转身，走了回去。

三分钟后，我的耳朵冻得像要裂开一样，于是我开始跑步。但寒冷很快耗尽了我的体力，很快我又不得不放慢速度步行。这一次，我只走了两分钟就觉得太冷了。我又一次跑了起来，但还是很快就感到疲劳。奔跑的时间开始变短，行走的时间也开始变短，我很快就意识到这种循环往复的结果会是什么。我看到自己在路边被雪覆盖，冻得僵硬。在那一刻，最初看起来只是困难的处境似乎将成为我最后的绝境。对死亡的可能性的觉察让我停了下来。

经过一分钟的反思，我发现自己在大声说："好吧，如果现在到时候了，那就这样吧。我准备好了。"我真的就是这么想的。就这样，我停止了思考，开始平静地走在路上，突然意识到夜晚的美丽。我沉浸在寂静的星空中，沉浸在周围朦胧的光影中，一切都那么美。然后，我不假思索地开始奔跑。出乎我意料的是，我足足跑了40分钟才停下来，而停下来的原因仅仅是我发现远处一户人家的窗户上亮着一盏灯。

这股力量从何而来，能让我马不停蹄地跑这么远？我并没有感到害怕，我就是没有感到疲倦或寒冷。当我现在讲述这个故事时，"我接受了死亡"这句话似乎有些词不达意。我并没有放弃努力。从某种意义上说，我放下了一种在意，而同时被赋予了另一种关怀。显然，放松对生命的紧握释放了一种能量，这种能量反而使我有可能完全放手地奔向生命。

用"放手"这个词来形容一个觉得自己没有什么可失去的球员身上发生的事情再合适不过了。他不再关心结果，而是全力以赴。这是对自我1顾虑的放手，也是对更深刻、更真实的自我的自然接纳。它是关心，却又不是关心；它是努力，同时却又毫不费力。

内在游戏的目标

现在，我们要讨论一个有趣的问题，也是最后一个问题。我们已经讨论过如何更多地与自我2建立联结，如何摆脱自我束缚，以让我们在选择参与的任何外在游戏中发挥和学习得更好。专注、信任、选择、不带评判的觉察都被推荐为实现这一目标的工具。但有一个问题还没有被提出来。在内在游戏中获胜意味着什么？

几年前，我可能还会试图回答这个问题。现在我选择不回答——尽管我认为这才是最重要的问题。任何试图去给出对这个问题的答案的尝试，都会给自我 1 去曲解此事带来机会。事实上，如果自我 1 已经到了能够承认并且真心认同自己不知道也永远不会知道的地步，那么它就已经在成长的道路上进步了许多。那时，一个人就有更多的机会去感受自身的需要，去追随内心的渴求，去发现什么才是真正的满足。只有自我 2 才知道这个问题的答案——这其中不涉及外在的荣誉或赞美——这让我如释重负。

展望未来

有时人们会问我对内在游戏的未来的展望。这个运动本身在我出生之前就一直在发生着，在我死后也会继续下去。它有自己的愿景，不需要我为它制造愿景。我很幸运有机会见证并享受它。

至于本书中所阐述的内在游戏的特定方法和原则的发展和应用，我相信它们在未来将变得越来越重要。我真心相信在过去的几百年里，人类一直过度专注于克服外在挑战，而忽略了关注内在挑战的基本需求。

在体育界，我希望看到所有体育项目的专业教学人员都能在这两个领域具备同等能力——能够指导学生同时发展外在和内在技能。当他们这样做的时候，他们的职业以及参与体育运动的人都将获得更多的认可和尊重。

我相信，商业、健康、教育和人际关系等领域都将随着对人类发展及其所需的内在技能的理解的进步而不断演化。我们将成为更好的学习者和更独立的思考者。简而言之，我相信我们还只是处在一个深刻的、久违的、外在与内在重新平衡的过程的起点。这是一个自我发现的过程，当我们学会为自己做出基本贡献时，自然会为整体做出属于自己的贡献。

The Inner Game of Tennis

结　语

50 多年前，我开发出了一些方法，让人们不是从指令中学习，而是从经验中学习。当我决定将我的想法整理成书时，我从未想象它会像《心态制胜》那样拥有如此长久的影响力，它不仅影响网球世界，还影响了其他运动，并最终影响人们日常生活的方方面面：如何在我们的工作以及我们与他人和自己的关系中面对障碍。我被这么多想要从他们自己的内在智慧和对结果进行观察的体验中学习的人们所感动。作为回应，我随后写了一系列关于高尔夫、滑雪、音乐、压力管理和工作的内在游戏的书籍。然后，当人们意识到这种方法在改变职场绩效方面的潜力时，我和同事共同创立了一家全球咨询公司，与苹果、AT&T、可口可乐和劳斯莱斯等公司合作。

我感谢那些应用了内在游戏的原则，并因此收获了乐趣、从经验中学习和不用刻意努力就获得自然卓越表现的精英运动员、专业教练和商业领袖，甚至音乐家。这本 50周年纪念版也是献给所有在家里的书架上、在运动包里、在球袋里已经秃了顶的网球上或在运动储物柜里都有着一本卷边、破旧的《心态制胜》的爱好者们——那些只是为了乐趣而参与的人们。

在《心态制胜》中，我们探讨了从经验中自然学习的力量，以及不带评判地集中注意力的重要性。我们强调需要培养一种放松专注的状态，相信身体的内在智慧，并通过进入高度觉察的境界来学习充分发挥。在这个境界中，身体动作会流畅且本能地呈现。

我自己的经验是，内在游戏的真正目标是向内找到答案。我们身体之外没有任何东西可以永久地存在，也没有任何东西能完全地满足我们自己，但每个人的内在都有一些心理学书籍中没有提到的东西。它不是一个信仰的概念，也不是可以用文字描述的东西。它是真实的、不变的，它的美和价值是无限的。它是我们所有潜力的源泉，它是一颗使我们的生命得以成长的种子。当一个人找到直接体验它的方式时，当一个人能够与自己生命的本质面对面时，他就实现了内在游戏的第一个目标，但那不是最终的目标。

现在，当我们到达这段旅程的最后一章时，我们触及了竞赛和生活本身的一个至关重要的方面——获胜的意志。

我越来越能够体会到，我们每个人都天生渴望体验成就感，但偶尔也会被内心过度思考自身表现的渴望所征服。

这就是获胜的意志：一心一意地克服过度控制的干扰、自我怀疑和对失败的恐惧等障碍——许多人已经被灌输并接受了这些障碍——无论是在绩效表现、职业还是人生目标方面。

阐明你获胜的意志的一个良好开端是对每天发生在你身上的事情有所觉察。你有没有问过自己："我真正想要的是什么？什么会起作用？什么会让这项任务、我的人生更愉快、更有效？是什么让我作为一个人有成就感？"阐明获胜的意志包括提出这些问题并去试验，看看那些答案是否正确。这个过程是我本人去遵循古希腊哲学家苏格拉底提出的著名建议，面对"认识你自己"这一内在挑战的方式。

我们每个人都处在寻找生而为人的自己是谁的过程中，但请记住，我们自己才是前行方向的主人：我们控制着我们要去哪里，我们通过我们在日常生活中做出的选择来行使这种控制权。归根结底，我们都希望充分利用自己生于世间的有限时间。因此，取胜的意志是一种充分参与当下的愿望：付出最大的努力，带着喜悦、爱和感恩，从每一次经历中学习，从而不枉人生这一人皆有之的礼物。

85岁的我仍然走在发现自己真正是谁的旅途上。没有什么比活着更棒的了，尤其是当我们越来越意识到选择我们珍视的东西的重要性时。关于心的知识经常被遗忘，然而，根据我的经验，探索它给我带来了最大的快乐和最大的成就感。这才是获胜的真正意义所在。

怀着爱和尊重，

蒂姆

致　谢

感谢我的父亲埃德·加尔韦（Ed Gallwey），是他激励我选择在一项我所热爱的运动中追求卓越。8 岁时，我可以选择高尔夫或网球。我选择了后者。当他问"为什么打网球"时，我回答："因为它更便宜。"我在全国 15 岁以下组别中排名第七，大四时，我成了哈佛大学网球队的队长。感谢我的自我 2——我的内在潜力，只要我不断做出选择，它就会不断变得更好。艾琳·格里西姆·加尔韦（Irene Grissim Gallwey），我的母亲，她的慈悲心使我的人性在一个竞争激烈的社会环境中得以保存。致我的姐姐艾琳（Irene），她将追求卓越融入了她的人生目标，并通过自己的独立选择展示了这一点，我看到了并且尊重她的那些让她一直快乐到 90 多岁的选择。致我的妹妹玛丽（Mary），她抓住了内在游戏的精髓。她教别人打网球，并超越了网球，在她自己的生活中找到了内在的平静。

许许多多的人在内在游戏的旅途中帮助了我。我要感谢我沿途遇到的一些老师。约翰·加德纳，作为我的第一位职业网球教练的他以简单优美的方式教导我。他的课程让我终生难忘。感谢唐·普林斯（Don Prince），在他是一名21岁的网球职业选手时，他带我去了北加利福尼亚州汹涌的海上，让我学会了钓鳟鱼。拉里·培根（Larry Bacon），我高中时最好的朋友，他为我树立了榜样，让我离开家去罗得岛州纽波特的圣乔治学校（St. George's School）就读，我父亲曾就读于该学校。穆赫兰（Mulholland）先生，他在我八年级时的每个课前准备时间都和我下棋。亨利·基辛格（Henry Kissinger）博士给了我勇气，让我在哈佛大学第二年通过了他的政治学课程的期末考试，并鼓舞我在接下来的两年里只选择我个人感兴趣的课程。这让我不再害怕。感谢我挚爱的网球和高尔夫朋友查拉南德（Charananand），感谢他持久的信任和忠诚，因为他向我展示了最深刻的自我发现方法，而那些方法正如普仁罗华大师所教导的那样。普仁罗华大师的努力和灵感一直是我对我们所有人内在神性最持久和最深切的尊重的源泉。

感谢微软的比尔·盖茨，他鼓舞我接受挑战——和他的同道一起在那些贫穷的国家和地区做出改变，并且为这本50周年纪念版的《心态制胜》撰写了序言。感谢卡尔·罗杰斯，他的自发相遇小组消除了我对人的恐惧，包括对我自己。感谢萨金特·施赖弗（Sargent Shriver）和尤尼斯·肯尼迪－施莱佛（Eunice Kennedy-Shriver）

在巴黎为我尽地主之谊，并允许我担任他们的四个孩子的网球教练，并在温布尔登与我搭档进行双打。向职业美式橄榄球教练皮特·卡罗尔致敬，他将内在游戏的原则带进了他在南加利福尼亚大学的球队以及西雅图海鹰队。

感谢我的第一任妻子萨莉·蔡尔兹·帕罗迪（Sally Childs Parodi），以及女儿斯蒂芬妮（Stephanie）和儿子史蒂夫（Steve），他们是我永恒的第二个家庭，每个人都证明了真正的爱永远不会消逝。感谢埃拉·昆兰（Ella Quinlan），感谢你在与我一起工作时表现出的善良和忠诚，以及你对我和你母亲持续给予的爱。感谢迈克尔·博尔杰（Michael Bolger），你将自己的技能和时间投入到既作为真正的朋友又作为有能力的会计师和顾问的挑战中。你赢得了我的信任，并让我承诺要做到最好，学会掌控我的财务状况。

我感谢约翰·霍顿（John Horton）博士，他自1971年以来一直是我亲密的同志和值得信赖的朋友，从恒河畔，到我们的幼儿园，再到现在的岁月，他从未动摇过。我永远感恩你的诚实和通透。愿我们的观察是准确的，我们的心是勇敢的，而得以充分利用我们面前的岁月。

感谢我忠实的出版商，兰登书屋的优秀员工，他们鼓励和帮助我完成工作，出版了我的六本"内在游戏"系列书籍，谢谢你们。汤姆·佩里（Tom Perry）推荐了这本书的 50 周年纪念版，并策划了第二版《心态制胜》。米里亚姆·卡努卡耶夫（Miriam Khanukaev），我现在的编辑，她年轻时的好奇心在她学习内在游戏时给了我新的视角。感谢制作编辑安迪·莱夫科维茨（Andy Lefkowitz）；生产经理桑德拉·舒尔森（Sandra Sjursen）；公关人员霍普·哈特考克（Hope Hathcock）；营销人员迈克尔·厚克（Michael Hoak）；封面设计师达夫妮·蒋（Daphne Chiang）；版式设计师苏珊·特纳（Susan Turner）；校对员考特妮·文森托（Courtney Vincento）、奥斯汀·奥马利（Austin O'Malley）、利兹·卡博内尔（Liz Carbonell）和基利安·皮拉罗（Killian Piraro）。外国版权总监雷切尔·金德（Rachel Kind）和副总监唐娜·杜维格拉斯（Donna Duverglas）。谢谢大家。我很自豪能和你们并肩站在一起！

感谢我尊敬的顾问埃利·魏因施奈德（Ely Weinschneider）博士，他始终如一的关注和爱帮助我了解了许多我不曾认识到的自我——谢谢你。

感谢我的朋友和合作伙伴雷纳托·里奇（Renato Ricci），他以内在游戏的名义所做的努力丰富了我的生活，并使内在游戏的原则享誉全球。感谢杰夫·利皮乌斯（Jeff Lipius），我的朋友和多年的合作者，他的忠诚和不懈努力帮助内在游戏保持活力。

感谢我的战友大卫·布朗（David Brown）和蒂芙尼·盖斯凯尔（Tiffany Gaskell），我与他们分享了很多经验教训，也学到了很多东西。

感谢西尔维娅·普里比乔（Sylvia Prybicho），我亲爱的朋友和温柔的倾听者，她对内在游戏的理解和运用是发自内心的，并鼓舞我不断进化前行。

最后，感谢我的妻子芭芭拉·安·昆兰－加尔韦（Barbara Ann Quinlan-Gallwey），感谢你对我无尽的爱和信任。这么多年以来，你一直用爱、关怀和精致的烹饪支持着我。